U0057648

無毒の
居家大掃除

清潔達人 Page——著

人文的．健康的．DIY的
腳丫文化

目 次CONTENTS

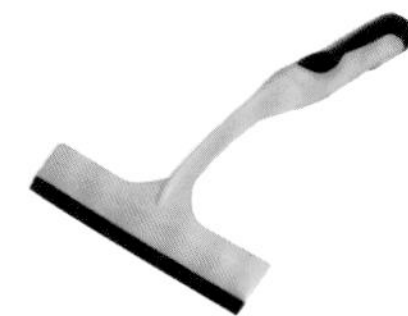

客廳&起居室 26

客廳與起居室中的髒汙以灰塵為主，建議打掃的順序由高處往低處進行，由上到下，才不至於讓已清掃乾淨的傢俱，再沾染到髒東西。
物件從面積大的開始，最後再清潔小型物品及角落。
打掃時打開通風系統或門窗，最好保持空氣流通的狀態。

浴室是全家最潮濕的地方，如果沒有做好除濕工作，再加上堆積而成的水垢、皂垢，容易長出黑黑的黴菌，以及散發出難聞的臭味。

廚房 64

日常生活中最頻繁使用的廚房，清潔重點是去除油垢，
除了定期去污，平時的維護工作也很重要。
流理台、抽油煙機、瓦斯爐等地方不易清理的地方，
最容易藏污納垢與滋生細菌，必須仔細留意。

PREPARE

事前準備

About Cleaning

利用幾樣溫和的材料，
和簡單的工具，
就能將家裡打掃乾淨，
不必擔心清潔劑的化學成分刺激皮膚，
居家清潔環保又健康。

清潔小幫手

工欲善其事，必先利其器，
了解如何使用各種工具與用品，發揮最佳效能，
就能讓清潔工作變得便利又省事！

刷子

不配合其他清潔劑使用，主要功用是刷除大面積的灰塵。

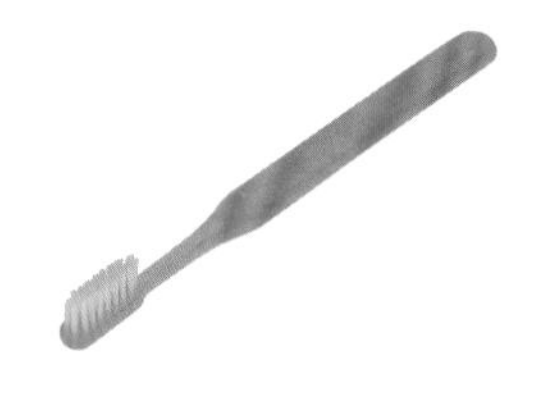

牙刷

能將狹窄的縫隙刷得乾乾淨淨，適用於很多彎曲或是小小的死角，例如洗臉台、水龍頭、流理台的濾網、窗戶的軌道或溝槽等。

海棉

用途廣，具有輕微研磨去污力與超強吸水力，適合用來刷洗器具。材質略有不同，最好選擇密度高的，較耐用，不易變形。

抹布

抹布質料多為棉質，吸水力強，乾濕兩用皆宜，可擦拭污漬或搭配清潔劑使用。

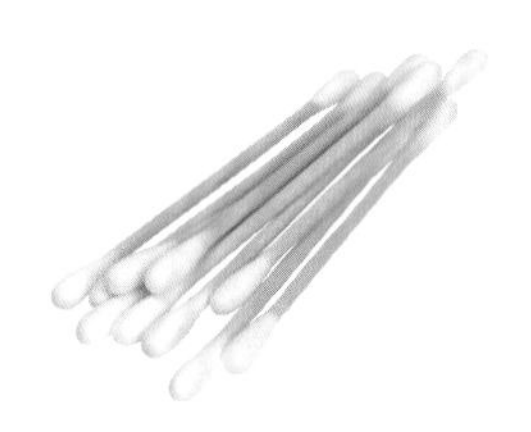

棉棒

可輕鬆清潔凹凸不平的細縫或空間，塗抹清潔劑或擦拭髒污。

菜瓜布

利用粗糙的表面清除頑垢，研磨力強，適用於清洗一般廚房用品的，不適用於細緻、易刮傷的物品。

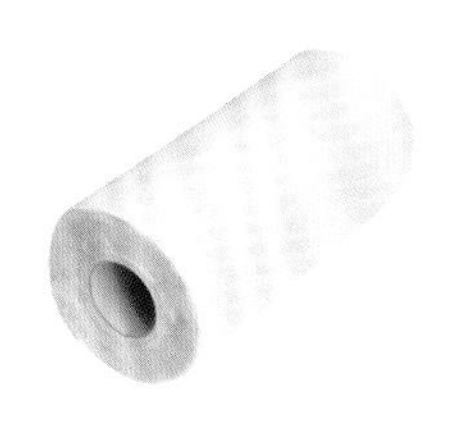

紙巾

紙張柔韌不易破損，比一般面紙更大、更厚，吸水力佳。

吹風機

利用吹風機的吹力清除不方便使用工具處理的灰塵，具有熱度的烘乾效果，可以吹乾潮濕的地方。

靜電抹布

利用特殊的布料與靜電原理吸附灰塵，不必擔心清理精細的物品時會被刮傷，不必添加清潔劑使用。

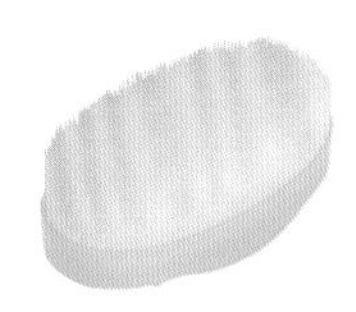

塑膠刷

適合水洗時刷洗器具，常用於衛浴設備。

絲襪

將打算丟棄不用的絲襪拿來再次利用，絲襪的高延展彈性可以套在衣架、掃把等東西上，製作成不同用途的掃除器具。

鬃刷

刷毛較硬，用磨擦力來清除中度或強度污垢，十分方便。

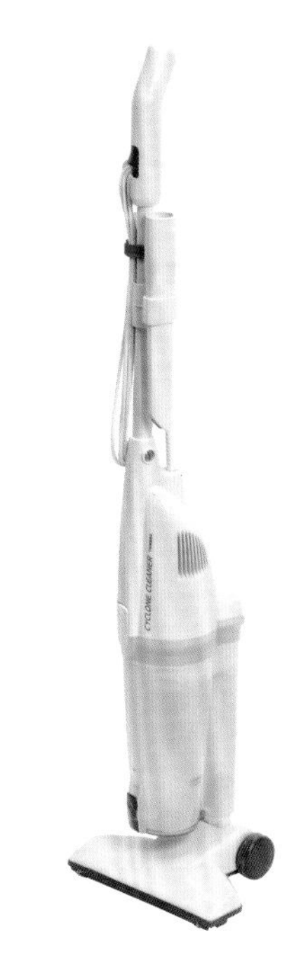

吸塵器

利用馬達高速運轉，在內部產生負壓，將灰塵、細小垃圾等物質由吸塵管集中至集塵袋，達到清潔的效果。

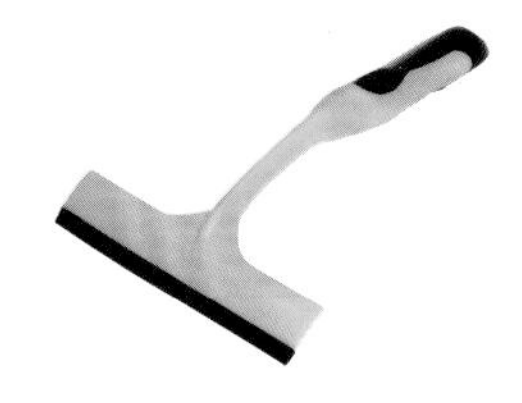

刮刀

可用來刮除玻璃、磁磚、地面、牆面等光滑面上的水痕，橡膠刀頭設計，不會留下棉絮或小毛屑。

長柄滾輪

可替換的滾輪膠紙帶有黏性，可快速沾起毛屑與灰塵，長柄設計可輕鬆打掃大範圍，不必蹲下、彎腰或墊高。金屬桿比塑膠桿的方便使力，不會一用力就折彎。

掃把

可以清除各種大小的垃圾，但是細小的灰塵無法清除乾淨，打掃時灰塵與細小的毛髮易隨著掃把揮動而飛揚，甚至沾附在掃把的刷毛上，不易清除。

除塵拖把

將帶有靜電效果的除塵紙卡在拖把上，可以吸附一般掃把及濕布拖把很難清理的頭髮和毛屑。去除灰塵的效果比掃把好，但有些死角不易處理，除塵紙直接以乾燥的狀態使用，不必沾水。

小蘇打粉
無毒性、可自然分解、不會引起皮膚過敏、價格便宜。特別注意不鏽鋼材質不可以用小蘇打清潔，會產生化學作用。

檸檬酸
含有機酸，可與鹼性物質中和，除去油脂。可輕鬆去除銅鏽與銀氧化物，具有很好的去污力與殺菌效果。

肥皂
具有溶於水及油的特質，跟小蘇打一起使用可以增強洗淨力，輕鬆去除頑垢，建議盡量選擇沒有添加太多香精的純肥皂。

小蘇打水（溶液、噴霧）
調製成水狀，適用於擦拭或浸泡等方式。其濃度不是愈高愈好，去污力不會較佳，反而不易溶於水。建議調製的濃度為5～7%。

鹽
鹽能抑制細菌生長，濃度高時成弱鹼性，具有殺菌、消毒的效果，其顆粒帶有磨擦力可幫助刷洗及去除污垢。

竹炭
竹炭多孔的結構可以吸附異味與有害氣體，產生的負離子能淨化室內空氣。

小蘇打泥
特別適合用在某些需要靜置處理的器具、牆面或是凹凸的平面上，盡量當天調製當天用完，不然容易乾燥結塊。

醋
清潔時，在小蘇打和肥皂之後加醋可以中和鹼性，酸鹼中和產生的化學反應會出現泡泡，更容易分解污垢。

咖啡渣
乾燥的咖啡渣有活性碳一般的氣孔，可以吸收濕氣，也有良好的除臭功能，可清除異味。

自製清潔劑

不依賴化學清潔劑，如何完成清潔大計呢？
下面將介紹幾種常用的清潔劑自製方法，聰明主婦們可以在打掃前先動手DIY，需要的時候就可方便取用。

漂白水

保存期：3個月

材　料：雙氧水、檸檬汁、十杯水；鹽、蘇打粉

自製的漂白水洗劑，保存期限較一般清潔劑短，製作先記得註明期限，盡量在期限內使用完。

製作方法

1. 一杯雙氧水、四湯匙檸檬汁、十杯水混合，即製成無毒的自然漂白水，裝入容器中存放；

2. 將一杯鹽和一杯蘇打粉加入一大鍋水煮沸，將要漂白的衣服放入鍋中浸泡一小時，衣服就可白亮如新。

洗衣精

保存期：3個月

材　料：肥皂、醋、化妝品抗菌劑、水

一般衣物多為棉質的，在洗衣精中添加醋，不僅可以讓洗好的衣物摸起來柔軟，而且更加白淨。

製作方法

1. 將材料肥皂150g、純水600cc放入不鏽鋼鍋中隔水加熱，邊加熱邊攪拌至肥皂融化，然後熄火；

2. 再加入醋100cc、化妝品抗菌劑20cc拌勻，放至完全冷卻即可裝入空罐中；

3. 將洗衣精倒入裝水的盆中（洗衣精：水量＝1：50），輕輕攪拌溶解後，放入待洗衣物浸泡10分鐘，輕輕搓揉後用清水沖洗乾淨即可。

玻璃清潔劑

保存期：3個月

材　料：肥皂、藥用酒精、化妝品乳化劑、水

肥皂有去除油脂的功效，酒精則能達到抗菌效果。此配方能夠有效去除玻璃上的落塵、污漬，讓玻璃恢復光亮。

製作方法

1. 將材料肥皂9g、水210cc放入不鏽鋼鍋中隔水加熱，邊加熱邊攪拌至肥皂融化，然後熄火；
2. 待溫度降至約45℃，再加入藥用酒精90cc、化妝品乳化劑6cc拌勻，放至完全冷卻即可裝入噴霧罐。

碗碟洗潔精

保存期：2個月

材　料：黃豆粉、肥皂、水、化妝品抗菌劑

以黃豆粉調製的碗碟洗潔精具有強力的去油效果，添加肥皂去污力更佳，毫不費力就可去除碗盤的污漬油膩。

製作方法

1. 將黃豆粉3大匙、肥皂15g、純水300cc、化妝品抗菌劑15cc等材料，放入不鏽鋼鍋中隔水加熱；
2. 邊加熱邊攪拌至肥皂融化，然後熄火，待完全冷卻後即可裝入壓瓶罐中；
3. 取適量碗碟洗潔精放入盛有清水的水盆中，攪拌均勻後放入使用過的碗筷等餐具，用菜瓜布將餐具上的髒污洗去，再用清水洗淨即可。

若餐具太油膩，可先沖洗再浸泡洗潔精，或用餐巾紙擦拭後再清洗，這樣比較容易洗得乾淨且節省時間。

地板清潔劑

保存期：2個月

材　料：柳橙皮、米酒

柳橙皮具天然精油成分，可分解油脂，加上米酒的揮發性，使用後不殘留，非常適合有油污的地方，用在廚房地板上也有打蠟的效果。

製作方法

將柳橙皮切成小丁狀放入空罐中，倒入米酒後密封，浸泡約10天後，裝入噴槍瓶中即可。

將地板清潔劑倒入水桶中（清潔劑：水量＝1：10），攪拌均勻，再將乾淨的抹布放入浸濕，擰乾後即可清潔地板。

小面積的髒污，可直接將清潔劑噴灑於污處，靜置約1分鐘，再用乾布擦拭乾淨即可。

柳橙可以用橘子、檸檬等不同柑橘類的水果代替，具有相同的效果。

浴廁清潔劑

保存期：3個月

材　料：肥皂、水、醋、鹽、小蘇打、化妝品抗菌劑

鹽是天然的清潔劑；醋可帶走異味。添加鹽和醋的浴廁清潔劑，讓人輕鬆清潔不費力。

製作方法

1. 將材料肥皂30g、水270cc放入不鏽鋼鍋中隔水加熱，邊加熱邊攪拌至肥皂融化，然後熄火；
2. 再加入醋30cc、鹽6大匙、小蘇打6大匙、化妝品抗菌劑15cc等材料拌勻，放至完全冷卻即可裝入噴槍瓶中。噴灑於浴廁馬桶上，靜置3～5分鐘後即可刷洗；也可使用於浴廁地板與洗手台的清潔上。

餐桌抗菌洗潔液

保存期：3個月

材　料：醋、酒精、純水、化妝品抗菌劑

以醋與酒精為配方的餐桌抗菌洗潔液，可抑制細菌生長，是清潔餐桌的好幫手。

製作方法

將醋15cc、藥用酒精90cc、水180cc、化妝品抗菌劑15cc放入噴槍瓶中搖勻即可。

噴灑於桌面上，靜置5～10秒後，再用乾淨的抹布將桌面擦拭乾淨即可。

此餐桌抗菌洗潔液也可用於清潔砧板，請先噴灑餐桌抗菌洗潔液於砧板上，再用廚房紙巾覆蓋1分鐘，然後用清水洗淨即可。

廚房油垢清潔劑

保存期：3個月

材　料：肥皂、水、鹽、米酒

米酒內的酒精成分可分解油脂、提高潔淨功效，是清除油垢的妙方。

製作方法

1. 將肥皂6g、純水90cc放入不鏽鋼鍋中隔水加熱，邊加熱邊攪拌至肥皂融化，然後熄火。
2. 待溫度降至約45℃，再加入鹽1又1/2大匙、米酒210cc材料拌勻，放至完全冷卻即可裝入噴槍瓶中。

將廚房油垢清潔劑噴灑於廚房欲清潔處，靜置約30秒後，即可用抹布擦洗乾淨。

衣物柔軟精

保存期：現調現用

材　料：醋、檸檬汁

醋是最天然的柔軟劑；含有芳香氣味的檸檬汁可以軟化衣物纖維。特調的衣物柔軟精能使衣物觸感柔細，增加衣物的光澤。

製作方法

將醋40cc、檸檬汁40cc混合均勻即可。

洗衣機：在最後一次清潔時，將柔軟精倒入洗衣機中（30公升水量為50cc柔軟精、40公升水量為60cc柔軟精、50公升水量為80cc柔軟精），清洗後脫水即可晾曬衣物。或事先將柔軟精注入洗衣機孔內，轉動時便會自動注入，如此便可安心將洗衣事務交給洗衣機洗滌。

手洗：將柔軟精倒入裝水的盆中（柔軟精：水量＝1：40），再將已洗淨的衣物放入水盆中浸泡10～15分鐘，脫水後即可晾曬衣物。

柔軟精務必等衣物洗淨後加入，若還有洗衣精殘留於衣物上，這時候柔軟效果會打折扣。

聰明選擇清潔劑

市面上種類繁多的清潔劑，暗藏哪些隱藏的危機呢？如何挑選？盡量選擇避免危及身體與環境的優質清潔劑，以下列出幾項要點，提供參考：

1.「氧系」比「氯系」好

氯系的清潔劑因為洗淨效果較強，但是容易在使用中產生氯酸鈉等化合物化學物質，毒性和腐蝕性皆強；吸入有毒氯氣也可能會破壞人體呼吸道黏膜組織。購買時應詳看產品標識，氯系清潔劑有時標示次氯酸鈉（NaOCl）或含氯；氧系會標示過氧化物（H_2O_2）或過氧化系列。

2.萬用清潔劑非萬能

宣稱一種清潔劑就能洗遍金屬、木頭、地板、衣服等萬用產品盡量不要用，因為這類萬用產品通常是強鹼物質，對一般人體和生態環境都不好，應該避免使用。

3.抗菌、殺菌內含強效添加物

界面活性劑本來就具有清潔、殺菌等效果，其實不需要另外添加抗菌成分，而且這類產品通常添加三氯沙（triclosan）或烷基酚（易造成壬基酚等環境荷爾蒙）成分，這類添加物反而容易影響生態，產生危害物質。

4.查詢相關檢驗報告

由於壬基酚具有強力去污效果，加上價格便宜，一直是工業及民生用的清潔劑原料，台灣每年約1萬6千公噸用量，有10%都是使用於洗碗精、洗衣精、清潔劑。但是由於國內對於清潔劑中的壬基酚尚未立法管制，而清潔劑生產廠商對這部份問題了解也有限，消費者在選購時根本無所適從。

目前有關單位呼籲政府應仿效歐盟，針對工業用以及家庭用清潔劑，訂定0.1%重量比的上限規範，也希望業者配合，早日將有害成分汰換成生物可分解型的介面活性劑。檢驗相關結果清潔劑建議名單可在環品會網站：http://envi.utrust.com.tw/index.asp查詢。

合成清潔劑的危害與毒性

市面上的清潔劑大多是由化學物質合成而來的，毒性及危害也就是由這些化學物質所造成的。了解清潔劑的組成，才能選擇危害較少的產品。

台灣氣候潮濕，導致濕氣重的廚房和浴廁經常產生黴菌、堆積污垢。但標榜去污力強的清潔劑對身體造成的危害，遠大於細菌與灰塵。清潔劑琳瑯滿目，但大多是以石油化工產品為原料，還加有各種添加劑，比如助溶劑、穩定劑、漂白劑、銀光劑、香精等等。過多地使用這類清潔劑會使皮膚粗糙，甚至引起過敏，不利健康也污染環境。

市售清潔劑包裝後面的標識，一般只註明成分含有界面活性劑、但是活性劑的種類卻標示不清，讓人在選購時，很難辨識哪些產品添加了對環境、人體可能有害的物質。

家庭清潔用品中最常見的成分，其實是具危險性的化學物質。磷酸、鹽酸或硫酸等強酸物具有腐蝕性，常見於除　劑和浴室馬桶清潔劑中，醋酸的酸性較弱，對於皮膚和金屬較不具腐蝕性，可以代替部分清潔劑。

次氯酸鈉等漂白劑都是不安定的氧化劑。氧化劑和其他物質會產生強烈反應，若不慎翻倒或和其他清潔劑混合時，可能具有危險性。不要把漂白劑和阿摩尼亞混合，因為這兩者會產生致命的毒氣。

阿摩尼亞、碳酸鈉和洗衣服用的蘇打等鹼性物質具有腐蝕性，磷酸三鈉（簡稱TSP）經過適當的稀釋後，腐蝕性較低，清潔用途十分廣泛。蘇打粉也呈弱鹼性，但不會傷害皮膚。

液狀的溶劑經常含有不安定的化學成分，去漬劑、亮光漆、部分地毯清潔劑和去油劑都含有這類成分，它們大多屬於易燃物質。最好選擇水溶性的產品，因為水是最安全、有效的溶劑；事實上，肥皂水就是最好的多功能清潔劑。如果不得不使用強酸或強鹼的清潔用品時，最好戴上口罩與手套，避免刺激物質進入體內。選購時，最好認明pH值介於5到9有環保標章的產品，比較安全。

對人體造成傷害

清潔劑中含有大量「磷酸鹽」，當我們使用這些清潔劑洗滌衣服或是碗筷的時候，這些化學物質就會隨著家庭的一般廢水排入水溝，再進入河川、湖泊、海洋。進而造成水中原本正常生長的藻類大量的繁殖。當這些藻類死亡之後，會被水中的細菌分解，造成水中含氧不足，使其他的水生植物無法生存，就是所謂的「優養化」。

此外，磷酸鹽對人體的傷害也很大，長期使用會刺激皮膚，引起紅腫水泡，甚至滲透到血管中，傷害中樞神經系統。一旦誤食則會傷害味蕾，麻痺器官。噴濺到眼睛，會傷及角膜，損害視力。日積月累毒性會傷害肝臟及免疫系統，甚至導致癌症。

幾種市面上常見的清潔劑，如衛浴及水管清潔劑，含有鹽酸（HCl）及氫氧化鈉（NaOH），都是強酸強鹼性物質，誤食會使食道受損，胃受侵蝕，導致死亡。顆粒狀水管清潔劑會產生氨（NH_3），俗稱阿摩尼亞，蒸氣會刺激眼部及呼吸道，誤食會損傷食道、胃；接觸皮膚會引起灼傷、水泡。

強效清潔劑不但有毒，而且合成的物品不易消失或分解，導致污染，造成嚴重的環境問題，不論就維護個人健康或自然環境的觀點，大家應盡量使用天然清潔劑。雖然不可能完全避免用化學合成清潔劑，但多少可以降低傷害。

輕鬆打掃大原則

想要輕鬆不費力的打掃，應該是每位主婦們的夢想吧！
其實只要在打掃前先思考清楚打掃方向，
打掃完順便做好下一次打掃的事先預防，
簡簡單單的小小動作可以省下許多時間與力氣。

有效分配時間

如果打掃目標設定太大，或是沒有太多時間可以一次完成所有工作，就會像小時候讀書一樣，目標很高，但是永遠都只是計畫而已。最好先評量自己的實力與時間，分割好能作家事的時間與清掃的地方，如此一來計畫才能有效率並且長久地執行。

懶惰是大敵

一時的懶惰需要加倍的時間才能清潔乾淨，油垢在剛開始形成的時候，是最容易清潔的。如果任由它發展，就容易深入扎根，變硬甚至黏死，屆時就需要加倍的時間才有辦法將污垢去除掉。所以平常如果看到髒污，可以順手清掉就順手清掉，等到變成頑固，就很麻煩了。

智力比蠻力更好用

清潔打掃前，最好能夠先分辨清楚髒污的不同種類與特性，如此一來，才能事半功倍。了解污垢的特性針對各個弱點擊破，更能輕鬆地消除污垢，什麼樣的污垢要用酸性的？鹼性的？中性的？要直接噴拭？還是需要靜待五分鐘再擦拭？適性適時地運用正確方式，遇到任何的頑垢強污，都不用驚慌了。

也有很多人清潔的時候，誤以為刷不夠乾淨、或是擦拭不夠大力，所以頑強的污垢才會難以清除。針對材質不同，要使用不同的方法，而不是拼命地用力刷洗，就像想去角質卻把臉都搞花了一樣不值得。聰明的主婦們，懂得如何使力之虞，更要懂得使使小聰明。

分區進行

平常有固定的打掃模式嗎？有一定的順序嗎？從裡面掃到外面？還是從外面掃到裡面？怎樣才是最聰明的方法嗎？依照清掃動線進行，才不會愈掃愈髒。

灰塵的清掃應該由高處掃到低處，因為灰塵會由高處落下，先清掃低處的積灰塵之處，再清高處的地方，低處又將會再被高處的灰塵給佈滿。最好的打掃順序是由裡到外的方向、由上到下的清掃。

分辨污垢種類

聰明人做聰明事，分辨不同種類的污垢，
想對症下藥，只需要一點簡單的知識與技巧。

有機污垢（生物酵素清潔劑、黑剋靈）

泛指所有動植物、微生物的糖類、脂質、蛋白質、澱粉等污染物。

這一類污垢是最常見的，佔了所有污染源的95%以上，是居家清潔時的常客。

如排油煙機、衣物、餐桌碗盤、傢俱沙發、廚房地板、餐廳、浴缸、洗臉台皂垢、霉菌、玻璃門窗、等污垢。

無機污垢（水垢鏽斑、壁癌白華清潔劑）

除有機化合物之外的其他化合物，都被歸類為無機化合物。如金屬、礦物質、酸、鹹、無機鹽和無機懸浮物。

如水垢、鏽垢、碳垢、鈣垢都是局部但很難清理的污垢，常出現在水龍管表層形成一層白灰色、水管與磁磚接合處產生黑斑、鏽斑，或在馬桶內形成的黃斑等。

特殊污垢（銀器、銅器亮光清潔劑）

指金屬物品經氧化還原，或有機物經高温碳化、固化所產生污垢。

如不鏽鋼、鐵器、銀器、銅器等器物表面氧化還原所產生鏽斑、銅綠、變黑、失去光澤或炊具上油脂食物經高温碳化、焦黑等污垢。

高分子污垢（貼紙剋星、神奇蘆薈膏）

指石油裂解高分子有機物或聚合物所產生之污垢。

如樹脂類污垢，貼紙膠帶的殘膠、強力膠、瞬間膠、矽力康及油漆類、及最難處理的樹脂污垢，當這些污垢滴到磁磚、衣服、器具或手部時都是很難清除。

還有看似都是髒東西造成的髒污，其實是因為不同的原理所造成的污垢，也有不同的分解方法。髒污的類型（油污、靜電黑漬、灰塵等等）、狀態、附著地點和頑強程度都不盡相同。

酸性為主要成因的油污，以及皂鹼凝固而成的皂垢，兩者的處理方式完全不同。所以如果看似髒黑的時候，先別急著使用「萬用清潔劑」，你可以有更好的選擇，先分辨這是什麼樣的污垢吧！

酸性的油污

簡單易懂，因為油所產生的污垢就是油污。

因為油是酸性的，最簡便的方法是用小蘇打或是肥皂水中和其酸性，就能去除污垢。

輕度油污

大家都以為油污只有在廚房有使用油類的地方才會產生，其實人體的皮膚也會有油脂分泌。只要用簡單的清水用抹布擦拭就能輕鬆擦拭乾淨了。如果更嚴謹一點還可以用檸檬水，先噴灑一下桌面再擦拭，效果更好，也會留有淡淡的檸檬清香。

中度油污

如果是還沒有凝固的油污，建議可以先灑上和油污等量的小蘇打，充分攪拌讓它凝固，接著再用抹布擦拭清潔，或是使用橡皮刮刀刮除。

強度油污

已經凝結成塊的結實污垢，這時先在器具表面上噴上少量的肥皂水，等待油污慢慢溶化浮起，接著再用鋼刷來回刷拭即可。

鈣質的水垢

廚房、浴室、廁所等地方常可見到的白色髒污，便是水垢或皂垢。這是自來水中的鈣質成分，經年累月累積而成的鹼性髒污。長時間累積而成的頑垢，通常也需要同樣的長久時間才有辦法清潔乾淨，也可以同樣使用中和鹼性的檸檬酸來中和。

黑黴

附著在磁磚縫隙或洗衣槽的微生物，就是黑黴。一旦長出黑黴，可沒那麼簡單就能去除乾淨。預防勝於治療，平時勤加保養才是上策。

靜電髒污

家電產品的樹脂表面很容易附著一層黑漬，這是靜電形成的髒污。先噴上檸檬酸水軟化黑色髒污，再以除塵布擦拭乾淨。電鍋、電冰箱、微波爐的外層，或是泛黑的開關，都適用這種方式。

清潔家電的時候，最怕不小心觸電，因此作業前請務必將電源關掉。

灰塵

要對付書架、燈罩、窗台、房間死角等地方所累積的灰塵，最好的方式便是定期清理。拍除灰塵的時候，一定要從高處往低處作業，這樣一來，才不會讓高處的灰塵沾染在已打掃乾淨的低處。

異味

惱人的異味也是髒污的一種。異味和髒污一樣，分為兩種類型。腐敗異味多屬於酸性，而生鮮異味多屬於鹼性。利用酸鹼中和的原理，便能有效除臭。

酸性異味

幾乎所有的腐敗異味都是酸性，因此使用小蘇打便能加以中和。在廚餘桶的底部鋪上一層小蘇打，便能簡單去除異味。

鹼性異味

香菸味、魚腥味之類的異味屬於鹼性，只要略微噴灑檸檬酸水即可加以中和。

細菌異味

若要對付細菌繁殖時所產生的異味，則需藉助檸檬酸的威力。醋是公認用來消滅大腸桿菌的法寶，其實檸檬酸也有一樣的效果。

LIVING ROOM & BED ROOM

客廳&起居室

Cleaning Idea

客廳與起居室中的髒污以灰塵為主，
建議打掃的順序由高處往低處進行，
由上到下，
才不至於讓已清掃乾淨的傢俱，
再沾染到髒東西。
物件從面積大的開始，
最後再清潔小型物品及角落。
打掃時打開通風系統或門窗，
最好保持空氣流通的狀態。

*布沙發

不用水洗就可去除異味

工具：
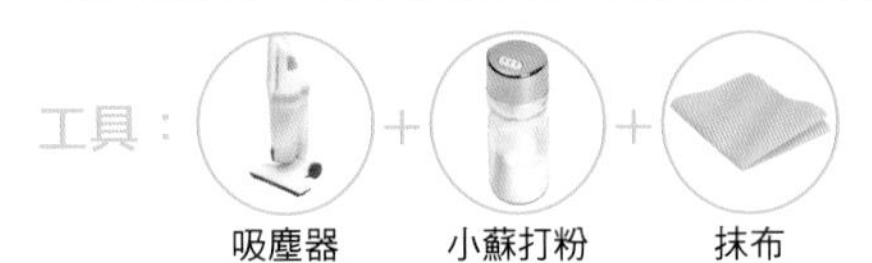

清潔布沙發的竅門，首先要定期吸塵，若能每周進行一次最好，沙發的扶手、靠背和縫隙也要清理。平時沙發只是沾染塵埃而未弄髒布面時，可用軟毛刷輕拭，拂去灰塵。一旦遇水，先用棉質毛巾輕拍，再以吸塵器吸過一遍，最後用吸水性強的乾布擦拭。使用吸塵器時，不要用吸刷的刷頭，以免破壞紡織布上的織線而使布料起毛球。

像布沙發這類布面家具，一不注意就很容易沾染到食物及煙味，這時可以噴灑上大量的小蘇打，再用吸塵器把沙發上小蘇打吸起，味道也會跟著消失。如果沙發布為可拆式，可以依照布料適用的洗滌方式，定期拆換清洗。如果覺得有必要，可以為沙發訂製幾件不同的外衣，隨時給沙發換裝。

*皮沙發

盡量避免濕氣

工具： + 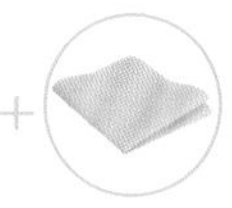

嬰兒油　抹布

皮革沙發在清潔前，一定要先把表面灰塵清除掉，才不會讓灰塵的顆粒刮傷皮革表面。除塵是表面的清潔，有時會為了去除附著的污垢而選擇利用濕布擦拭後再以乾布擦乾的方法來處理，但為了讓皮革恢復光亮，有的人會選擇使用皮革保養劑或乳液擦拭，其實烹飪用的橄欖油也可以拿來保養皮革。

皮沙發最怕潮濕發黴，一旦生黴會讓皮質組織產生變化，應該盡量避免遇水，若不慎沾濕要以乾布擦拭後充份陰乾。千萬不可以拿吹風機或是電風扇直接對著沙發吹，否則很容易造成皮革龜裂，風乾之後，可以用嬰兒油抹在乾淨的抹布上，然後再均勻地擦拭皮沙發。

約每1～2個月塗油保養，可以增加沙發皮面的張力、光澤度，可避免黴菌的侵蝕及破壞皮革組織。特別要提醒的是，因為皮革處理時是使用酸性物質，所以擦拭皮沙發時，不能用鹼性清洗液，會使皮革柔軟性下降，長期使用會有皺裂的問題。

*木質櫥櫃

隨時保持乾燥

工具：肥皂＋抹布

木質傢俱看起來有溫暖的質感，但打理確實是一件麻煩的事。一旦灰塵附著久了，很容易顯得陳舊，擦洗和清潔是非常重要的。平日保養可以除塵紙或除塵布清除表面的灰塵，之後以乾布擦拭。如果有污漬，可以將抹布浸沾肥皂水，扭乾一點再擦拭，然後以清水再擦一次之後，最後用乾布擦乾。

*衣櫥

放置竹炭消臭

工具：
竹炭

竹炭具有很好的吸附能力，可以除臭、淨化；其滲透力可以殺菌、排毒、去污、除濕。將竹炭放置在衣櫥裡可以達到去除異味、淨化空氣、調節濕度、增加負離子的效果。

一般在烤肉使用的木炭其實也OK！但在使用前請用水洗一次，並放入鍋中煮一會，再撈出自然晾乾。如果是擺放在和室，可以找搭配裝潢的器具盛裝，當裝飾品也是不錯的居家創意。

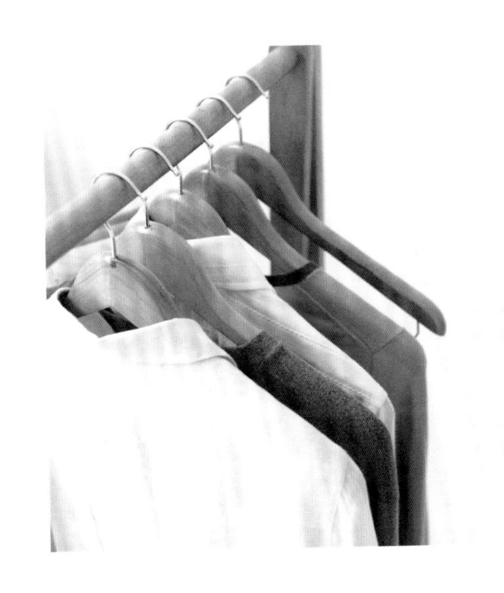

*電視

乾擦避免刮痕

工具：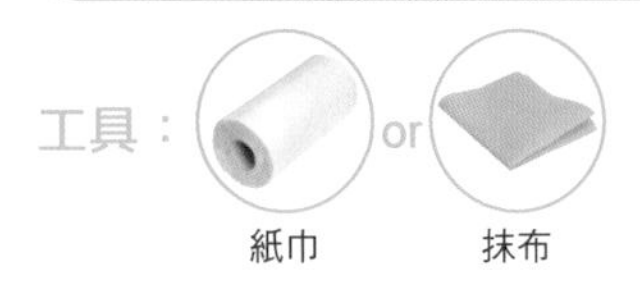

紙巾　抹布

電視的螢幕因為靜電的緣故，容易沾染灰塵。使用清水擦拭是一種很不明智的清潔方式，除了效果不佳，易留下水痕，還會使機體受潮而損傷。保持電視乾燥是很重要的，如果不小心沾到了濕氣或水氣，先用軟布將其輕輕擦去，才能打開電源。

如果是液晶螢幕，最好購買專用的微纖維無劃痕布巾，因為液晶電視是很細緻的東西，很容易出現刮痕，這種特別的清潔布可以保護螢幕，並有效擦除灰塵和指紋。注意在擦拭時要沿同一方向有規律地輕輕擦拭，不要用力過猛；屏幕以外的地方則可以用柔軟的紙巾或者濕布擦拭。

Advice

在清掃家電用品以前，請務必將電源關掉再進行清掃工作。另外，因為電視機畫面的部分，通常會有防靜電的處理，所以不可以使用小蘇打水及醋清理。

*搖控器

棉花棒清潔縫隙

工具：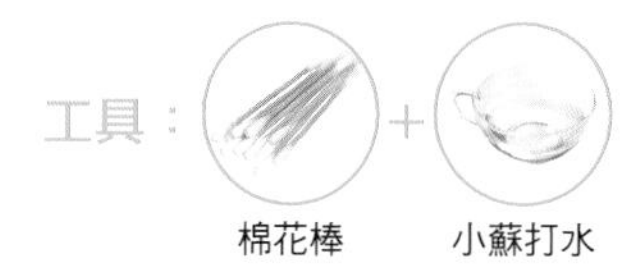

棉花棒　小蘇打水

搖控器細縫多、表面凹凸不平，容易藏污納垢，再怎麼強的吸塵器，也很難將細縫中的髒物清乾淨。用空氣罐吹，會將髒物噴往別處，也無法將按鍵間的髒物清乾淨。

用清水100ml加上1大匙的小蘇打，並用棉花棒沾取清潔按鍵面板，擦拭前先擰一下棉花棒，以免沾水太多，滲入細縫。

機體後面如果有灰塵、油污可用軟布沾小蘇打水擦拭。遙控器長期不用時，應取出電池，以免電池內電解液漏出腐蝕盒內元件。

*時鐘

以靜電效果清灰塵

工具：

絲襪

利用手邊現成的物品廢物利用，製成好用的掃除器具，一雙舊絲襪、破掉不穿的襪子都是相當好用的清掃用具。居家清潔時，往往會因為灰塵的靜電作用而不勝其煩，有些小東西又不適合使用吸塵器，這個時候只要利用舊絲襪就能輕鬆解決問題。

平日可以準備一些棉質的舊襪子，將襪子一支一支地塞進絲襪裡。每塞入份量適中的襪子，就把絲襪打個結，然後隔個兩公分，再打一個結，然後繼續塞入適量的襪子。如此周而復始，一條襪子大概可以做出六到八個圓球狀，等到需要刷洗家具或清掃家裡時，便剪下其中一段當作清潔海棉使用了。由於絲襪本身具有靜電效果，可以將灰塵掃乾淨，因此清掃起來格外省事。

*插座

避免漏電的危險

工具：
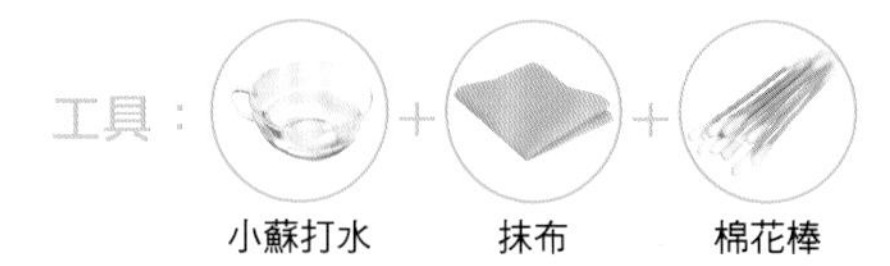

由於電流發熱，會破壞插座的絕緣樹脂，這種現象使保險絲不會跳開，會突然產生短路，進而引起火災。

所以，電線插頭不用時要拔掉，要常常用乾布擦拭清潔，特別是水氣多的地方，如浴室、廁所、廚房、魚缸等，更要特別注意這種積污導電的現象。

電源插座的灰塵有可能是導致漏電的原因，清潔插座時，注意不要觸電，用棉花棒小心清理。

在一杯清水中加入一大匙的小蘇打，用棉花棒沾取小蘇打水，小心地除去理插座的灰塵，而插座面板則用抹布沾取小蘇打水擦拭即可。

Advice

清潔完之後，最好等待20到30分鐘再使用插座，避免濕氣未全乾，造成電器用品損壞。

*開關

清除礙眼手垢

工具：
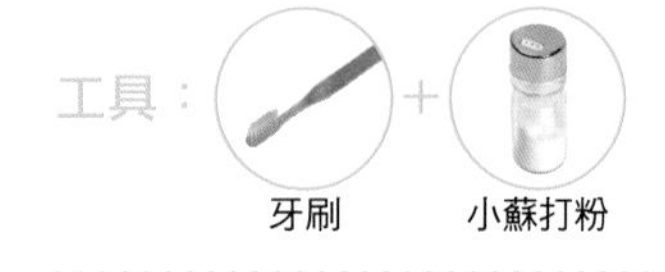

牆面開關是清潔時很容易忽略的地方，家中的電源開關使用久了，會留下黑黑黃黃的髒污，沾染了灰塵及手垢，非常不美觀。這時可以牙刷沾濕之後，沾取小蘇打粉，清潔開關周圍的牆面及開關面板，利用小蘇打的研磨功能，去除髒污，最後以小蘇打水噴在抹布上擦拭乾淨即可。

*冷氣機

過敏原不再隨風吹落

工具：

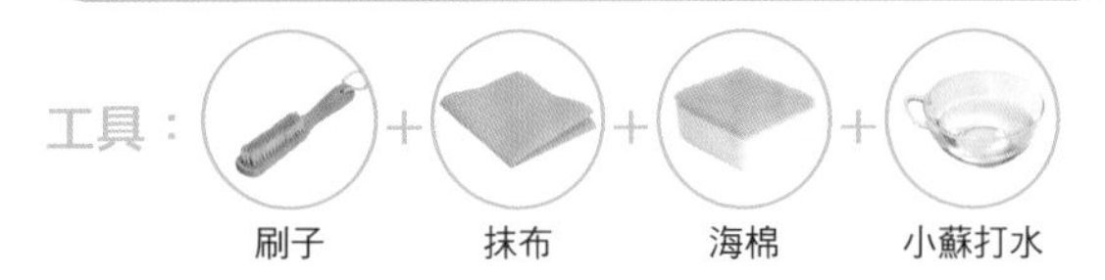

冷氣機經過長時間運轉，空氣中的灰塵、細菌、動物毛屑等都會殘留在濾網上，機體也會附著污垢。如果沒有定期清潔會縮低冷氣機的使用期限，並對空氣品質及健康造成影響。

清潔濾網可以使用吸塵器吸除濾網上較大的污垢灰塵，再將濾網浸泡在小蘇打水中約1小時，遇到頑固的污垢，可使用海棉用力刷洗，再用清水擦拭一下。

1. 開始清掃前記得先拔掉電源插頭，以刷子清理機體表面的灰塵，建議由上而下輕刷；
2. 然後用海棉浸小蘇打水後扭乾；
3. 擦拭機身與出風口；
4. 以清水再擦一次後，用乾抹布擦乾就可以了。

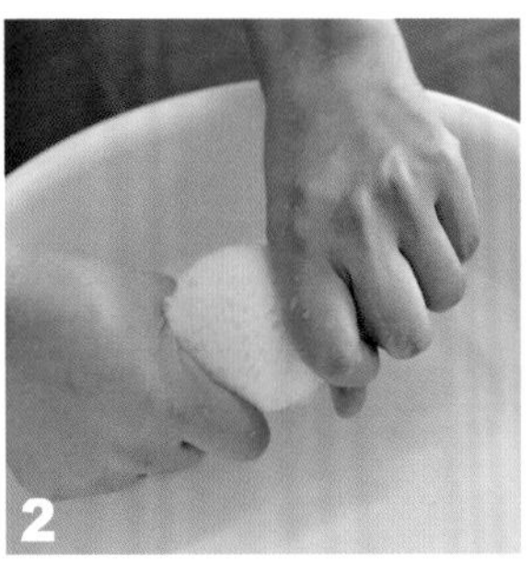

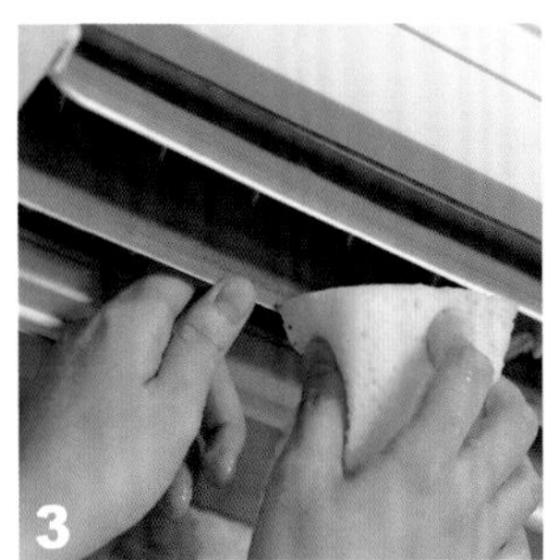

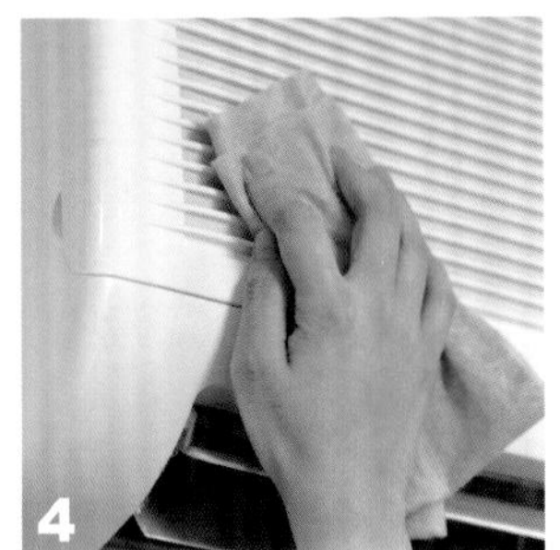

*燈罩

防止塵埃沾染

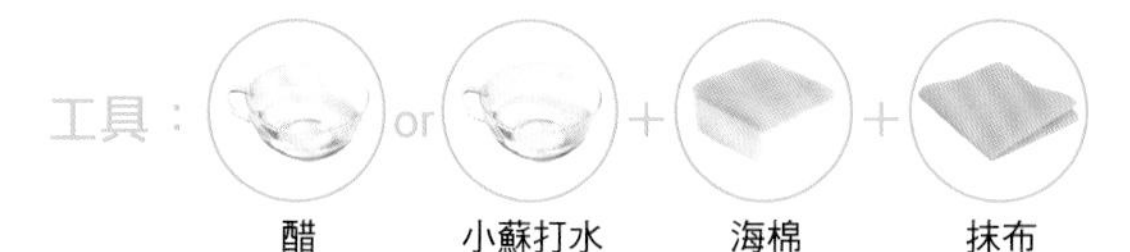

不論是玻璃製還是塑膠製的燈罩，不會因為位於高處就不會沾染灰塵，如果面積不是很大，可以用在燈罩上擦一點濃度低的小蘇打水溶液，會比較不容易沾灰塵。

在一公升的清水加入2大匙的小蘇打，以抹布沾濕擦拭在塑膠燈罩上，放置一個晚上。隔天早上用海棉擦拭後再用清水清洗。

如果是面積較大的燈罩，可以用抹布沾取小蘇打水擦拭，再以稀釋2～3倍的醋水擦拭，就這樣自然風乾即可。

Advice

燈泡或燈管剛使用完時，溫度很高，若要進行清潔工作的話，最好稍待一下，等溫度降至室溫，以確保安全。

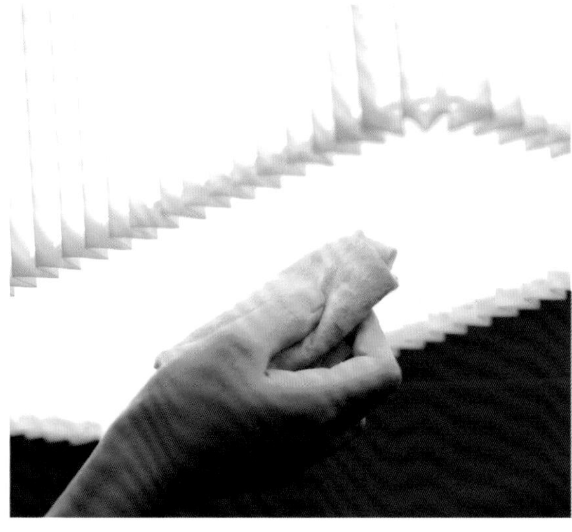

*電線

用牙膏聰明清理

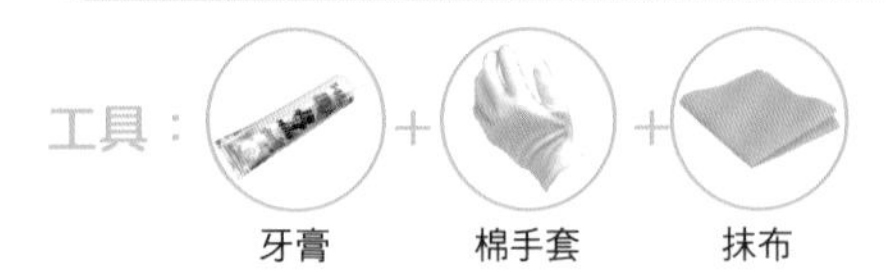

電器用品的電線經常看起來雜亂無章，而且會沾染一堆灰塵而不好清理。清潔和保養時要特別小心避免造成短路，平日建議用乾抹布擦拭即可，千萬不要用水沖洗。

特別髒的地方，只要戴上棉手套後沾些牙膏，直接以手指頭擦拭電線，就能輕鬆地把電線都清潔乾淨。

Advice
記得要先將所有電器的插頭先拔下，才能動作，以免觸電。

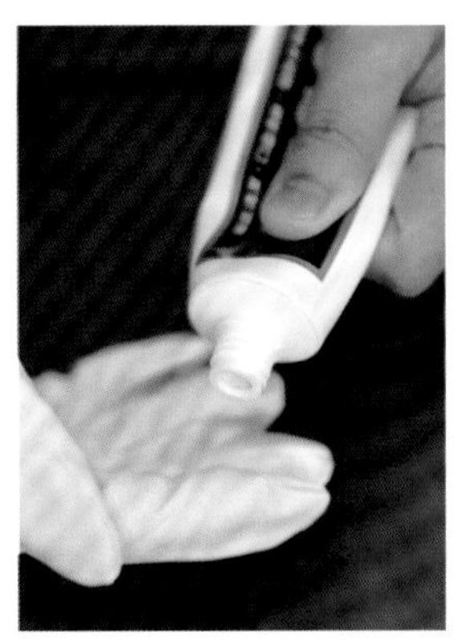

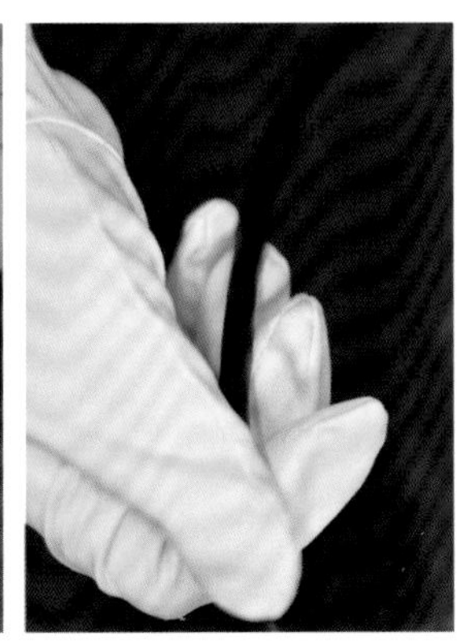

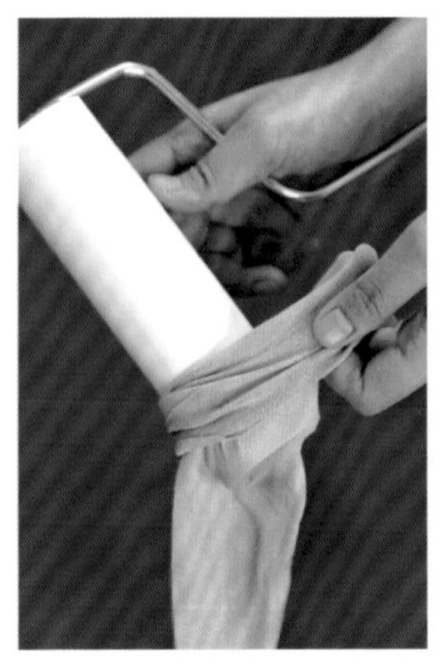

*天花板

長柄掃具輕巧好施力

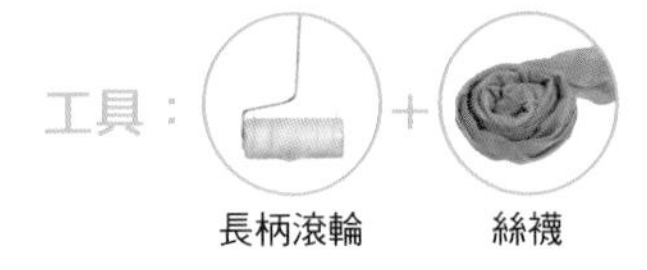

打掃一定要從高處掃到低處，不然掃完地再清理天花板，地板上又會沾滿灰塵。天花板的角落，很容易會積聚灰塵和蜘蛛網，可以把絲襪繞在長柄的滾輪上或利用長柄除塵拖把，這樣就不用必使用梯子了。

絲襪上的靜電會吸住灰塵和蜘蛛網，不用擔心灰塵會掉下來弄髒傢俱，或掉到眼睛裡。

*電扇

掃除塵蟎避免氣喘

工具：

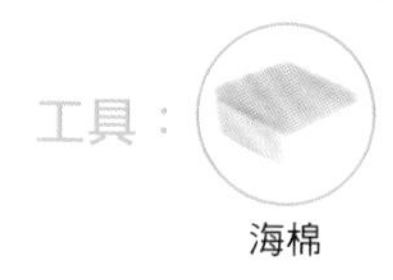

海棉

使用久了的電風扇葉片老是附著灰塵，容易增加上呼吸道感染及氣喘發作。定期清潔風扇，才能避免髒污隨著風吹進入呼吸道。護網上的細縫在清洗時容易卡住棉絮，用刷子刷無法清理到小細節，利用改造過的海棉，可以簡單清潔護網細縫。

1. 將清潔海棉以小刀割出寬0.8～1公分的寬度；
2. 底部約1/5不能切開，要保持連結。全部切割完之後，就變成像百葉的形狀；
3. 清洗時海棉能伸入護網細縫，就不需要使用刷子一格一格慢慢刷了。

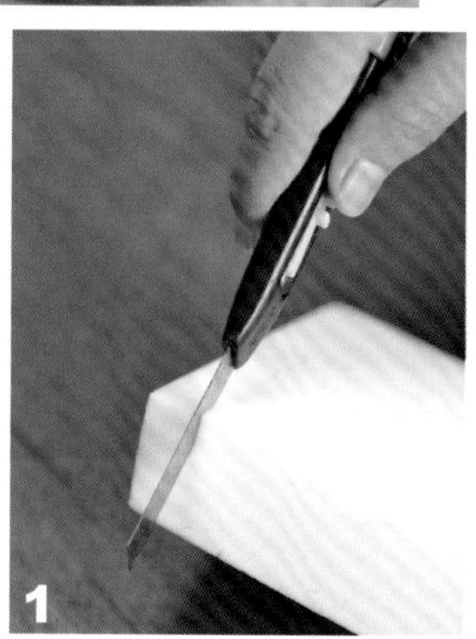

1

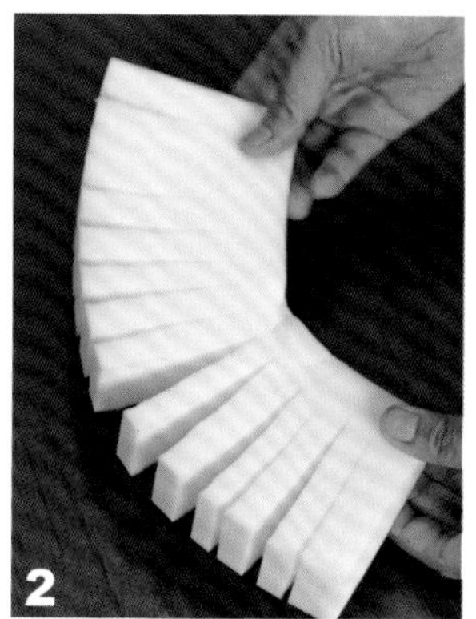

2

3

*電腦

保持乾爽最重要

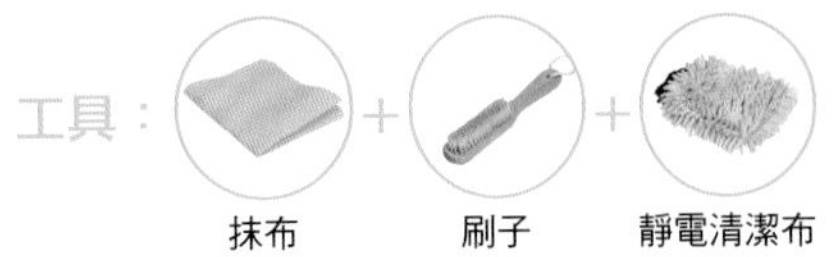

研究發現，電腦隱藏著大量肉眼看不到的細菌，尤其是鍵盤，除了灰塵之外還有很多餅乾屑、咖啡粉、橡皮屑、頭髮等雜物，每天接觸的工具成為細菌孳生的溫床和疾病的傳播站。

電腦最怕水，無法直接使用清潔劑清洗。清潔鍵盤時可將其翻轉，使灰塵和碎屑能自動落下，或是利用刷子將灰塵及碎屑清除乾淨。在抹布上噴灑少量小蘇打水，輕輕擦拭按鍵。電腦螢幕則以特殊的專用清潔布，拭去螢幕的灰塵。

主機、列表機與滑鼠等，可用擰乾的微濕抹布擦拭，但不要使用酒精成分的清潔溶液，尤其不可以使用酒精擦拭螢幕，螢幕上塗有特殊的塗層，使顯示器具有更好的顯示效果，一旦碰觸到酒精，會產生不好的影響。

*地毯

立即吸除+拍打

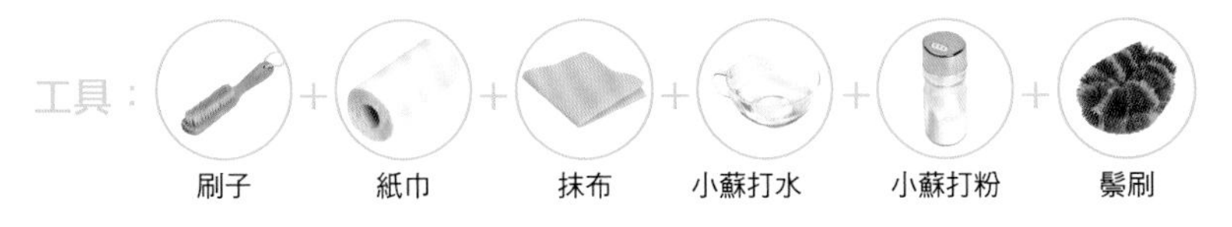

當地毯沾到液體類的污漬時，不管是哪種液體造成的污垢，都必須完成以下三個步驟，用面紙清除、用抹布拍打、用水清理。趁著液體的色素還沒有滲入地毯毛纖維前，盡可能用紙巾將所有打翻的液體都吸乾。

接著，用乾淨的抹布沾取小蘇打水，並將抹布捲成筒狀拍打地毯上的污漬處。將小蘇打水融入污漬中，這樣是為了讓污漬比較容易清乾淨。但是因為抹布濕濕的會擴散到其他沒有弄髒的部位，所以記得要用拍打的方式，最後再用乾抹布將地毯的水分擦乾，並使其自然風乾即可。

想去除異味，可以將小蘇打粉直接灑在地毯上，放置一個晚上，隔天使用吸塵器吸乾淨即可。毛比較長的地毯，在灑上小蘇打粉之後，用比較硬的鬃刷將小蘇打粉均勻地分散至毛地毯裡層。

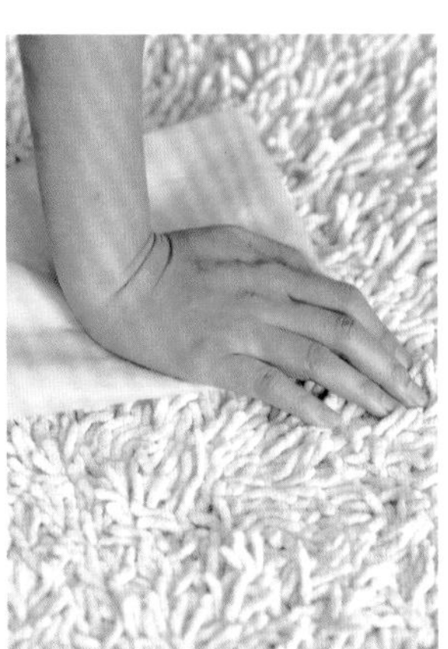

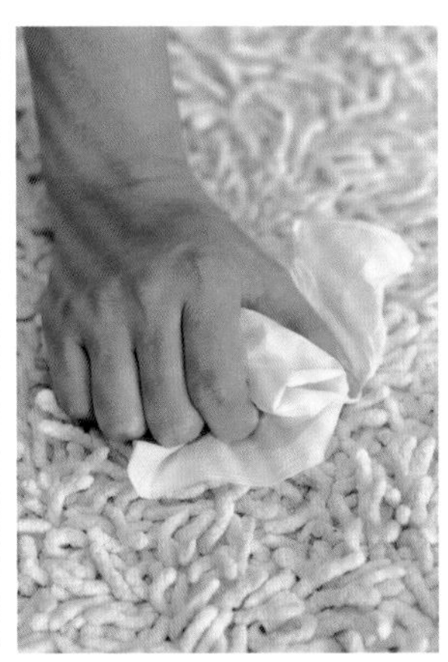

*大理石地板

盡量不要濕拖

大理石地板的清理，建議使用除塵拖把，先以吸塵器或掃把將紙屑、毛髮等髒東西清除，再以除塵拖把拖過，盡可能不要使用濕抹布或濕布拖把，否則容易傷害大理石表面光澤。

如果滴落有顏色的茶水或污漬，務必於第一時間擦拭，避免被石材毛細孔吸收進去。

*木質地板

絲襪掃把除塵真方便

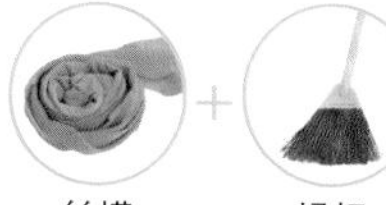

雖然買打掃的道具，花費不算太多，但是以減少污染的出發點來看，能利用家中現成、不起眼的東西，或將資源回收的物品DIY，肯定是環保又省錢。而且有一些容易忽略的地方，需要特別的工具，有時現成的工具也不一定好用。使用絲襪套在掃把上掃地，可將棉絮、頭髮等難掃的東西，全部掃乾淨。

1. 將舊絲襪剪去褲腳，保留褲子的部分；
2. 然後套在掃把上，把前端多餘的地方打結塞好；
3. 掃地時的灰塵棉絮就會被帶有靜電的絲襪吸附，掃把也不會再被毛髮棉絮黏住而難以清理。

Advice

小朋友總愛在地上塗鴉，難洗的油性筆痕跡難看也難清。橘子皮含有檸檬酸，會產生化學作用粉解污垢，用來去除油性筆留下的污漬十分有效。

2

3

*窗戶

先吸塵後濕擦

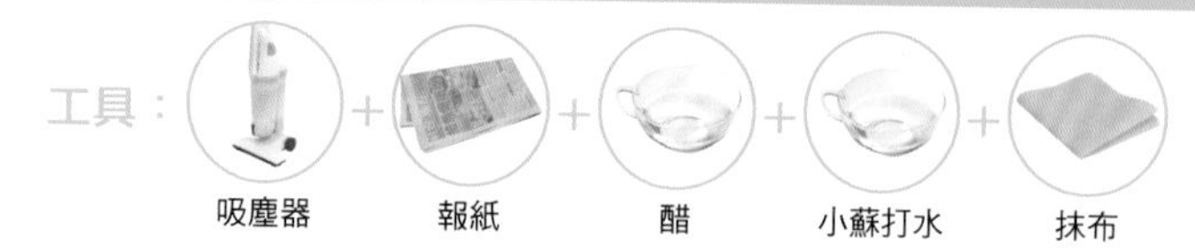

紗窗的清潔很麻煩，污濁的空氣與長期日曬雨淋，總會累積厚厚的一層灰。能拆卸下來清洗是最乾淨的，但若是紗窗本身結構不好拆卸的時候，利用一些小訣竅，就能夠輕易地清理乾淨。

1. 先用吸塵器將紗網上厚重的灰塵吸除，之後再開始進行清潔的步驟；
2. 在紗窗靠近室內的這一側，先用舊報紙攤開鋪在上面擋起來。再準備500ml的水加入2大匙小蘇打後，從外側開始噴灑紗網，靜置一會兒，再噴灑稀釋2～3倍的醋水；
3. 取下舊報紙後，最後用濕抹布將內外兩側擦拭乾淨即可。

Advice

如果碰到頑固的污垢，可以使用海棉直接沾小蘇打水溶液刷洗紗窗，再用擰乾的抹布擦乾即可。但是要記得兩面都要清理乾淨，如果只清理一面則另一面更容易卡著污垢。

*窗框

牙刷、海棉清潔死腳

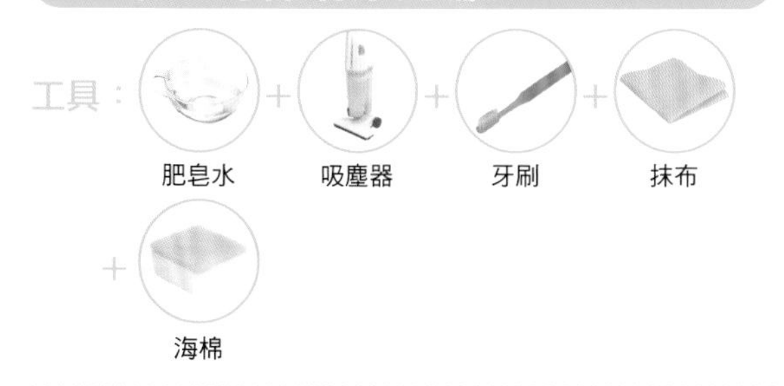

窗框的灰塵要趁著還沒沾到水的時候就要清除，以免塵土接觸到水就變成黏黏的泥狀，就很難清了。

小細縫只靠吸塵器是很難以清除乾淨的，可以先利用牙刷將塵土刷開，接著利用吸塵器的窄管吸嘴吸除灰塵後，再以海棉沾肥皂水刷洗，以清水沖洗乾淨，最後用擰乾的抹布擦一遍，完全擦乾窗鉸、鉸槽、窗框底部和窗扇頂部之積水，避免生鏽。

*玻璃窗

舊報紙擦拭既光又亮

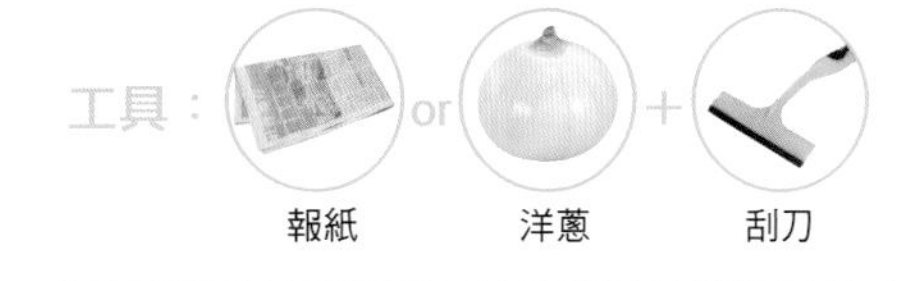

一般清潔玻璃窗可以沾濕的舊報紙以打圈方式來回擦拭，濕報紙不會在摩擦下產生靜電而吸塵，報紙上的油墨還會使玻璃更加明亮。除了用舊報紙，洋蔥也有同樣的效果，將洋蔥切半用來擦拭玻璃表面，然後趁洋蔥汁乾前用乾報紙擦拭，玻璃立即光潔如新。

如果玻璃出現黑點，可用牙膏塗在玻璃表面擦洗。避免使用抹布或毛巾，容易殘留棉屑，或可直接沖完水之後以刮刀刮除水漬。高處的氣窗可以利用有桿子的拖把及刮刀擦拭。

*窗簾

噴灑小蘇打水去異味

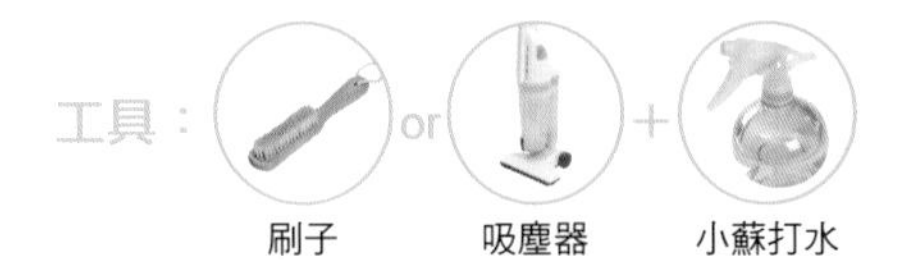

窗簾容易有灰塵堆積，建議最好每2至3天就清理一次，可以使用刷子由上往下清理，或用吸塵器稍微吸過即可。

不過由於吸塵器吸力較強 容易將窗簾布吸入且難以移動，這時可加上一個套網，減少吸力同時也更易於移動吸塵器。

室內、室外的灰塵及味道，很容易附著在布面窗簾上，用一公升水加入4大匙小蘇打粉做成小蘇打水，接著以噴霧罐噴灑在整個窗簾上，讓它自然風乾即可，這樣就能去除不好聞的味道。

*百葉窗

棉手套快速又方便

工具：

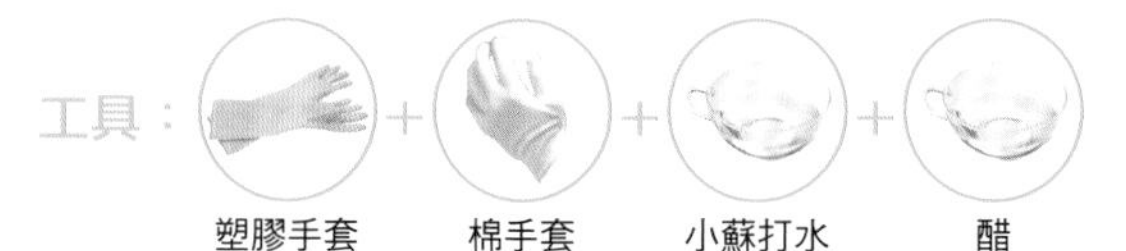

塑膠手套 + 棉手套 + 小蘇打水 + 醋

百葉窗一片一片相當不好清理，利用小蘇打水及手套來清理，就能快速又確實地將百葉窗清乾淨。

在塑膠手套外層再套上一層棉手套，然後浸到小蘇打水中，接著用兩指一同夾住一個葉片，就能把百葉窗的表面和裡面一起清理。擦乾淨後再用稀釋2～3倍的醋，依照同樣的方式再擦拭一遍即可。

*垃圾桶

直接灑小蘇打粉

工具：

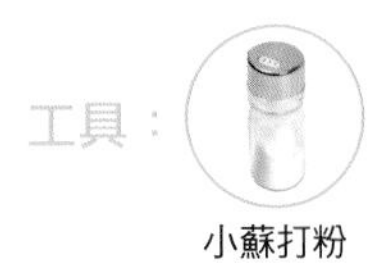

小蘇打粉

小蘇打是一種純天然的物質，不但不會造成環境污染，對人體也完全無害，美國和日本經常在家事或料理等一般生活中運用。為了防止垃圾桶內的細菌滋生，在垃圾桶裡直接灑一點乾燥的小蘇打粉，可以消除惱人的臭味，並抑制造成臭味的微生物繁殖。

*絨毛玩具

放進袋中搖一搖

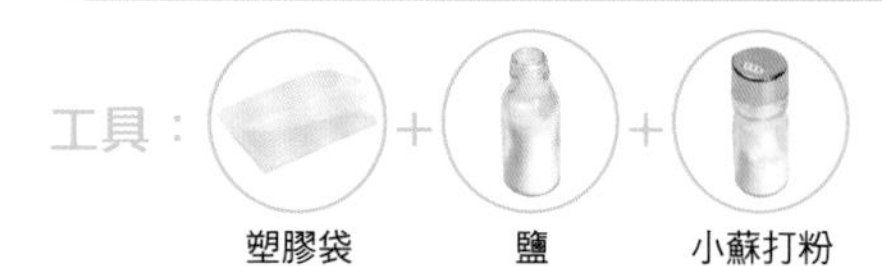

絨毛玩具髒了，不容易清理，洗過之後又容易變形、損壞。最好的方法是利用鹽和小蘇打粉清潔，因為鹽本身帶有正負電荷，而污垢也會帶有正負電荷，搖晃摩擦後生電，異性相吸，鹽將污垢吸走，毛絨玩具變清潔；小蘇打則具有去除異味的作用。

1. 找一個乾淨的塑膠袋，大小要能夠裝下要清理的絨毛玩具，然後取適量的小蘇打粉及鹽放在塑膠袋中；
2. 把絨毛玩具放進去，將袋子口綁好，開始上下使勁搖晃，大約40次左右，將玩具拿出來，把表面沾到的顆粒抖乾淨，就會發現鹽粒變黑，絨毛玩具比以前乾淨許多。

*牆壁

分類處理有竅門

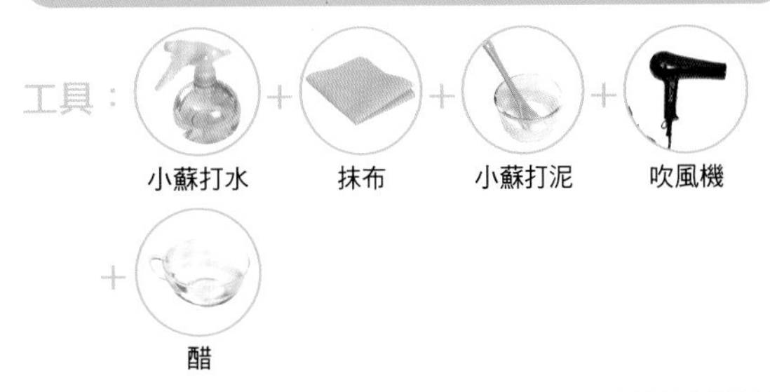

清潔牆面有水洗和不用水洗二種，必須根據家中的牆壁材質選擇適合的方式。耐水牆面可用小蘇打水以噴霧器噴在牆壁的污垢處，然後再用熱抹布覆蓋、擦洗，之後以乾布吸乾。不耐水牆面如粉牆，壁紙，若不小心沾染了小污漬，可用橡皮擦或以抹布沾些小蘇打水擰乾後輕拭。最好及時去除污垢，否則會留下永久的痕跡。油漆的牆面若已髒污得很嚴重，使用石膏或沉澱性鈣粉，沾在布上磨擦，或使用細砂紙輕擦。

黏在牆壁上的貼紙、海報或掛鉤取下時，會有難看的痕跡，無法去除黏著劑的殘留，真是令人頭痛。以醋或酒精擦拭，就能輕鬆地剝除。以浸了醋的抹布沾濕貼紙，使黏性降低，一邊用吹風機吹，一邊用手撕，就可去除乾淨。

*花盆

散發香味的園藝好幫手

工具：

咖啡渣

咖啡渣含有豐富的氮，具有滋養植物根部的效果，是最好的有機肥料。在廚餘堆肥中加入一些咖啡渣， 可以減少異味， 還可以做為有機堆肥。

家裡的盆栽常如果常引來小蟲，可以將少許咖啡渣倒在盆栽的栽培土上方，不但防臭，還可以驅蟲。特別要提醒的是，咖啡渣要適量，並盡量不要碰到根部或葉子。若咖啡味消散了，可以再添加，原本的咖啡渣則讓任其自然分解。

*菸灰缸

降低菸味附著程度

工具：

咖啡渣

不吸菸的人聞到菸味會覺得不舒服，尤其是菸灰缸中堆滿了香菸蒂，尼古丁的味道始終無法去除。菸味非常容易殘留在衣服及布面傢俱上，其實只要在菸灰缸中鋪上一層乾燥的咖啡渣，咖啡渣具有脫臭的效果。

這樣要熄滅香菸時，可以效防止菸霧四竄，自然降低異味沾附的機會了，熄菸時還會散發出咖啡的香味。

Column

地毯的清潔保養

地毯最大的缺點就是打理起來有些麻煩，夏季使用時，地毯應盡量避免強烈的陽光直射，以免地毯褪色。由於地毯的表面易吸納灰塵，最好的方法就是經常用吸塵器沿著逆毛方向吸塵，千萬別用齒狀或粗糙的工具，這樣會損壞地毯纖維。

收藏方式

地毯適合收藏在陰涼、乾燥、通風良好的地方，如果空間足夠，攤平收藏會比捲起來更好，如果空間不夠，就將正面朝外捲起，並以乾淨的布包起保護，不要折疊或放入真空袋中，以免襯墊因拉扯而扭曲變形。

醬油滴到地毯上怎麼清潔?

千萬別急著用力擦，那會使醬油深入纖維處，更難清理。首先用清水直接淋在沾有醬油的地方，再蓋上乾淨的乾布，接著一手壓著乾布，另一手用吸塵器在乾布上來回吸個幾次，醬油就會被吸到乾布上，之後再使用有去污效果的溶液沾濕擦拭。

●對塵蟎過敏的人，家中最好避免使用地毯、毛毯、絨毛玩具及飼養寵物。

Column

用溫度對付引起過敏的塵蟎

灰塵中塵蟎的含量驚人，容易引起過敏。塵蟎有其生長的必要條件，只要避免適合的環境因素，就能杜絕生長。塵蟎喜歡溫度20度、溼度70%左右的地方，主要以人類掉落的皮脂屑、體垢、食物殘渣等東西藉以維生。防止塵蟎孳生最好的方法是養成定期打掃的習慣，時時保持居家環境的清潔。

塵蟎怕水也怕熱，衣物、寢具等經常清洗或放在陽光底下曝曬超過6小時，都有殺死塵蟎的效果。盡量避免使用地毯、榻榻米等，改採用木質、瓷磚地板，以免造成藏污納垢的死角，讓塵蟎有機可趁。

厚重的窗簾布容易孳生塵蟎，最好改以百葉窗或塑膠遮板代替，若必須使用窗簾，也請要拆下清洗。如果一定得使用這些東西，打掃時以吸塵器清理5分鐘，用細小的吸頭撥開根處，逆著毛毯的毛向，仔細地清掃。

BATHROOM

浴室

Cleaning Idea

浴室是家裡最潮濕的地方，
如果沒有做好除濕工作，
再加上堆積而成的水垢、皂垢，
容易長出黑黑的黴菌，
以及散發出難聞的臭味。

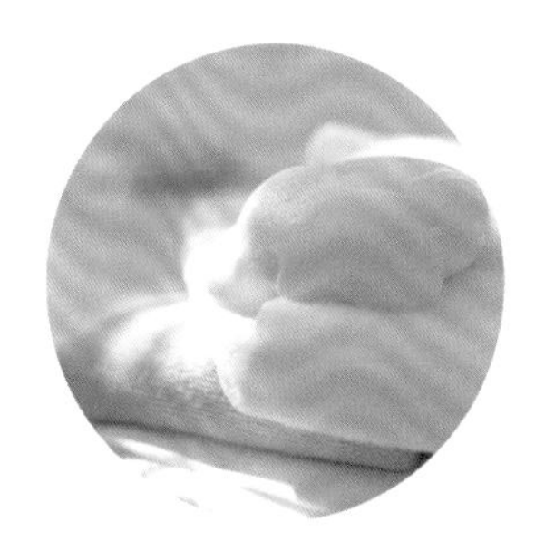

*蓮蓬頭

小細縫不再藏污納垢

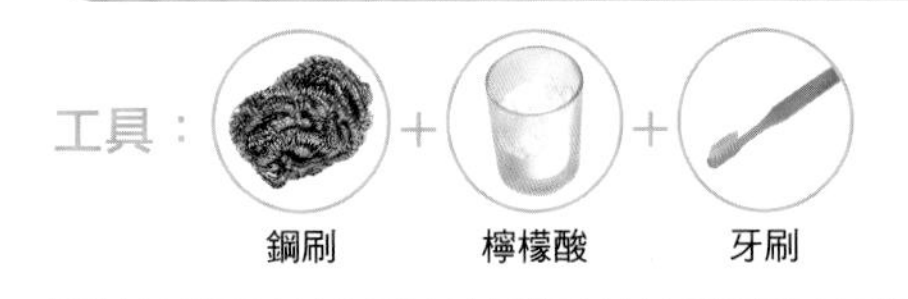

浴室的通風不佳，加上潮濕的水氣，容易讓浴室中的設備產生水垢或發黴，尤其是沖澡時使用的蓮蓬頭，畢竟是每天要使用到的工具，如果不清乾淨，想想真是不安心。

首先用螺絲起子拆下蓋子，以鋼刷磨掉裡面的水垢，再用牙刷刷掉堵住出水孔的水垢。如果細縫堵塞嚴重時，可以用加了檸檬酸的熱水泡一個晚上，出水孔就會變乾淨。

*洗臉台

輕鬆解決難看皂垢

工具：

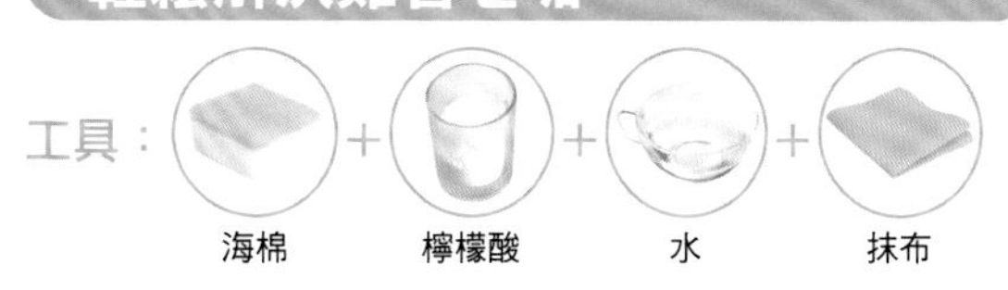

洗臉台上常會堆積黑色污漬與黏膩物，這是因為使用肥皂等清潔劑時，部分成分與人體脱落的皮脂和水中的鈣、鎂作用，形成皂垢，如果不處理就容易累積成頑垢。可以將海棉浸在檸檬酸水中，然後輕輕刷洗。如果是難洗的頑垢，可以將抹布以檸檬酸水浸濕後，貼在洗面台上靜置15到20分鐘，再以海棉刷洗、清水沖淨後以乾布擦乾。

Advice

塑膠及陶瓷材質的洗臉台很容易刮傷，表面如果有刮傷容易附著髒污，所以絕不要用堅硬的工具清潔，最好使用柔軟的海棉刷洗。排水口附近的污垢，可以用舊牙刷沾取小蘇打粉刷洗。

*水龍頭

濕敷對付難除水垢

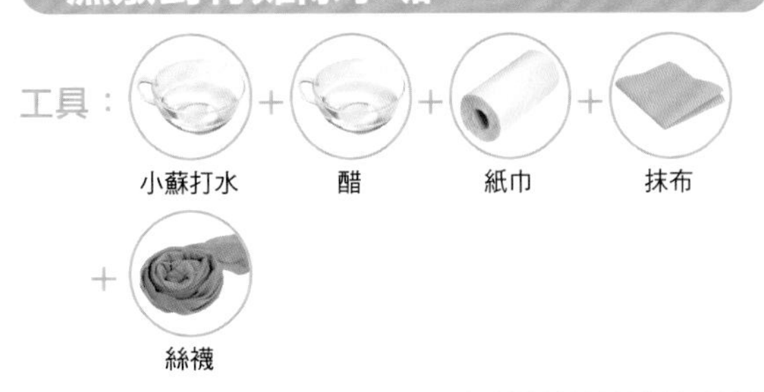

想要清除水龍頭上的白色水垢時，可以在1公升水加入4大匙的小蘇打溶解成小蘇打水溶液，再加入適量的醋，以紙巾沾濕了之後，濕敷在水龍頭周圍，靜置大約2～3小時。拿下濕紙巾後，用沾濕的海棉刷洗一下水龍頭，最後用乾抹布擦拭掉水分。

平時要讓水龍頭維持光亮潔淨的模樣，可以利用舊絲襪擦拭清潔。舊絲襪的材質相當細緻，所以不怕刮傷水龍頭且能去除污垢。

1. 將三雙絲襪像綁辮子一樣編織成一整條，比較好使用；
2. 用編織好的絲襪抹布用力刷水龍頭，會變得非常光亮。

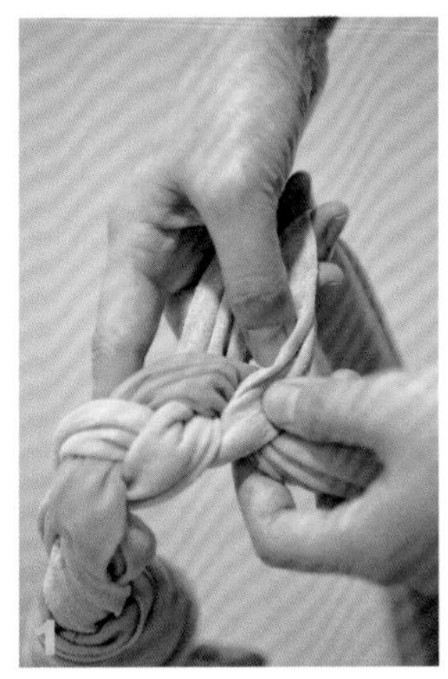

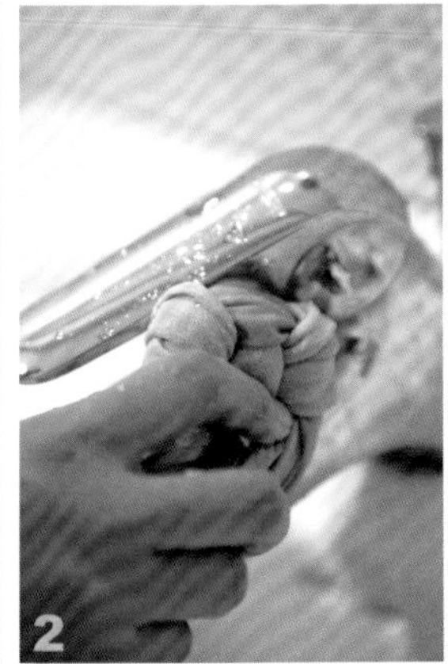

*浴缸

保持乾燥防止黴菌繁殖

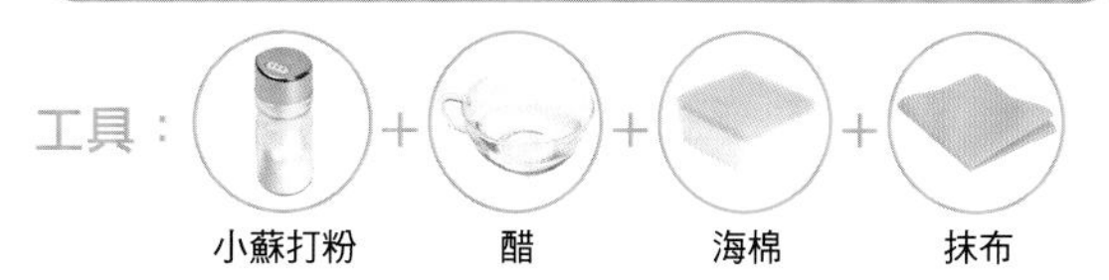

浴室的溫度與溼度是適合黴菌生長的環境，經常清潔並保持乾燥，才能將有效防止黴菌繁殖。在每次入浴前，最好徹底清洗再使用。

清潔浴缸之前，要分辨適合使用的器具，才不會造成損害。最常見的材質如塑膠浴缸，可使用海棉、木質浴缸要用鬃刷輕刷、琺瑯材質的浴缸避免強鹼與強酸性的清潔劑。無論何種材質，清潔最後記得把浴缸擦乾，減少水氣及水漬。

1. 浴缸的水管利用小蘇打粉與醋所產生的泡沫，就可以把污垢溶解；
2. 以海棉沾取小蘇打粉輕輕刷洗，死角等小地方可以牙刷清理；
3. 最後以清水沖淨，再以乾淨的布擦乾水分。

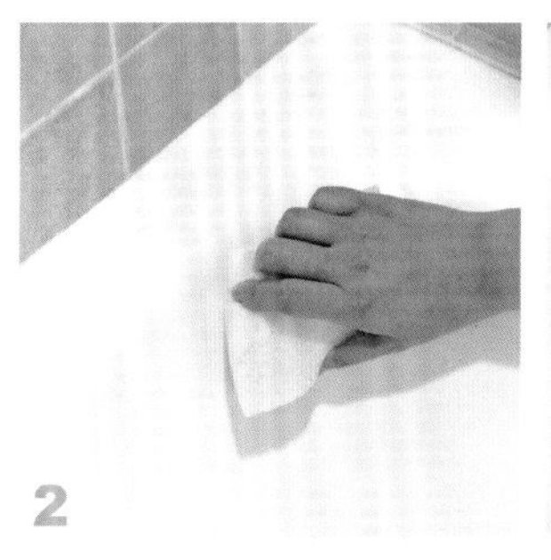

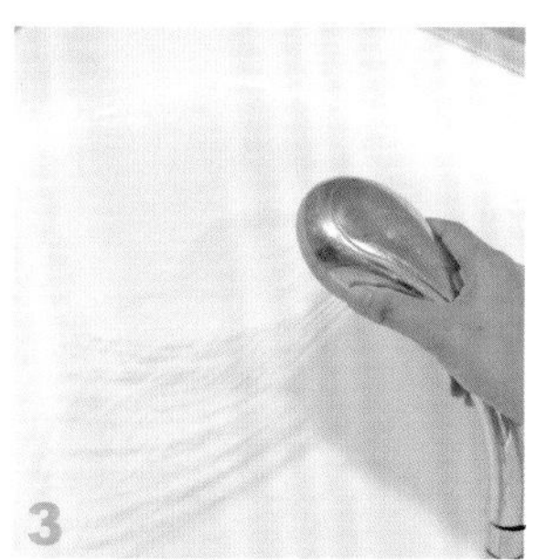

*馬桶

清除難看的黑眼圈

工具：

馬桶裡的水池部分，常常會沿著水位線留下一圈水垢。可以使用小蘇打粉與醋產生作用發泡，先倒入小蘇打粉於馬桶中，再加入醋，大約靜置15分鐘，讓污垢溶解後，用清水沖洗一下就可以了。如果污垢很頑強，一次清除不了，可以重複幾次相同的步驟。

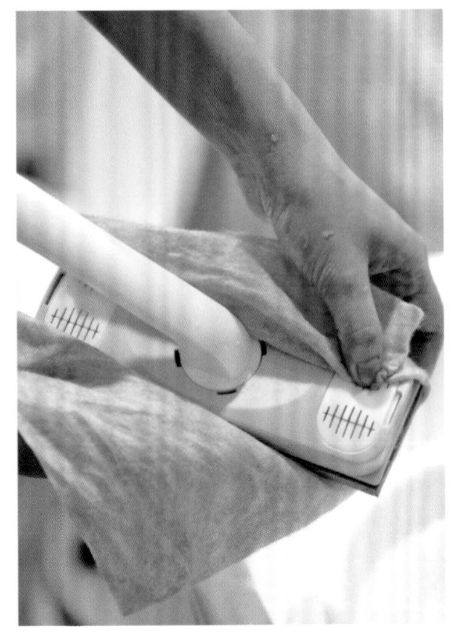

*浴室天花板

不再望塵莫及

工具：

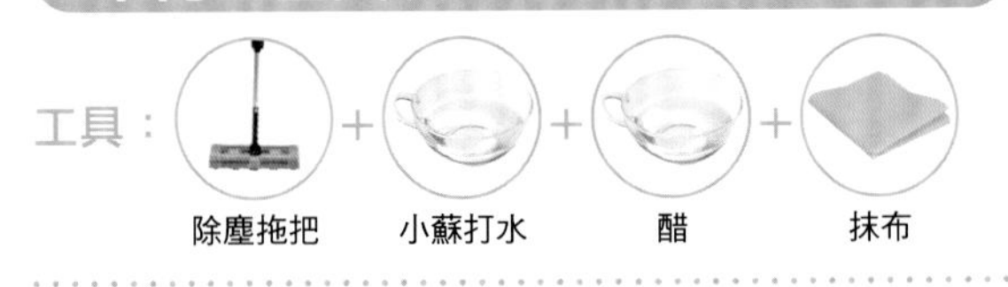

使用擦地板的除塵拖把來清潔天花板，這樣一來再高的天花板也能輕易擦拭。在1公升的水加入4大匙的小蘇打溶解，將抹布浸入小蘇打水中，擰乾後固定在一般的除塵拖把上擦拭；接著再將另一塊抹布浸在稀釋了2～3倍醋水裡，同樣固定在除塵拖把上擦拭天花板即可。

*磁磚

除霉兼具打亮效果

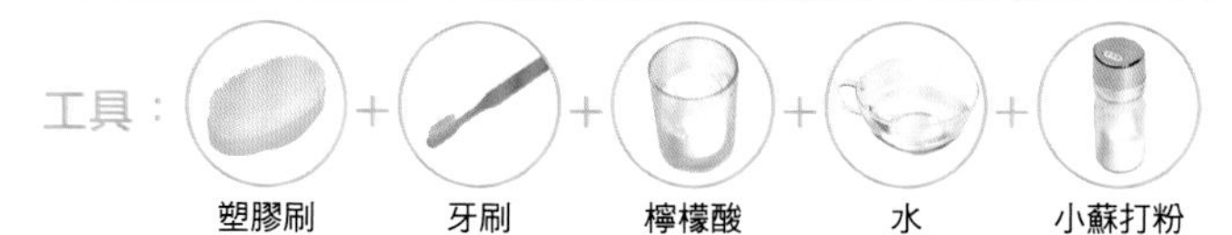

磁磚的特色在於耐用、易清洗不易沾污，一般保養方法僅須以清水擦拭即可，如果因為噴濺而產生水垢與皂垢，可以檸檬酸水溶液清潔。磁磚細小接縫的部分容易藏污納垢且很難清潔，可以牙刷沾取小蘇打粉刷洗去污。

1. 以噴霧罐將檸檬酸溶液均勻地灑在磁磚上，靜置5到10分鐘；
2. 以塑膠刷刷洗整個牆面；
3. 磁磚細縫以牙刷沾小蘇打粉仔細刷洗；
4. 最後用清水沖淨，以刮刀將水清除乾淨即可。

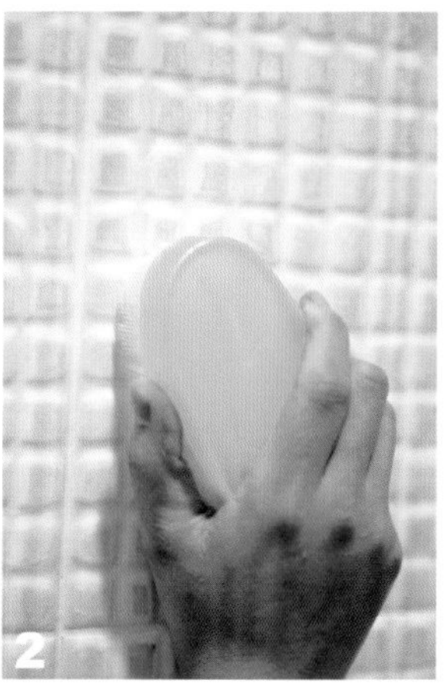

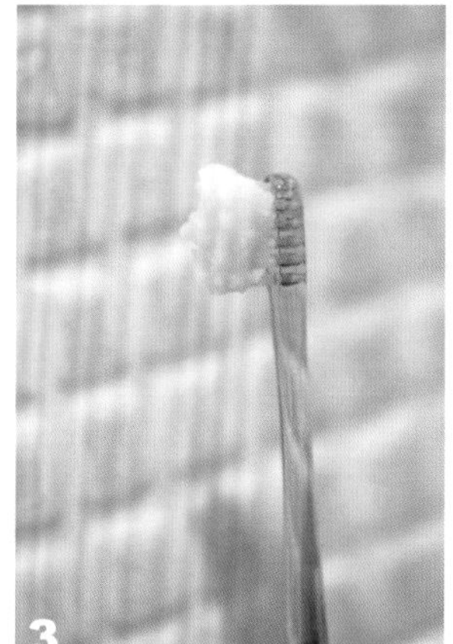

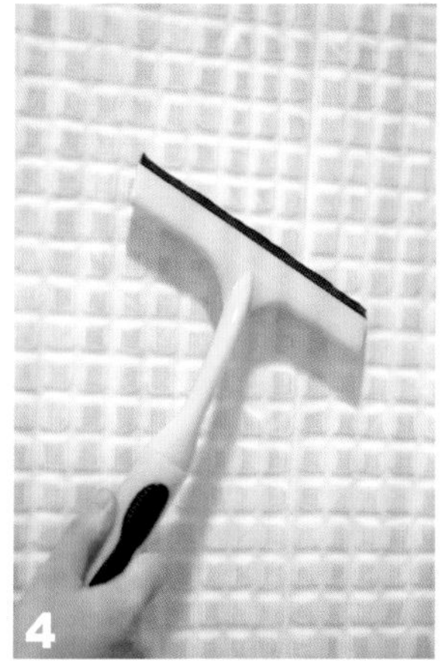

*地磚

勤擦拭常保衛生

工具：

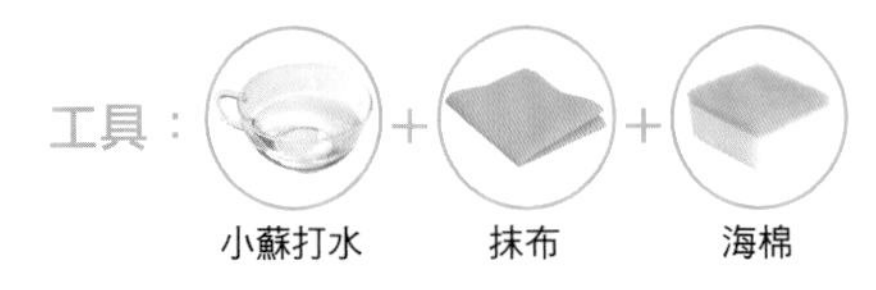

在馬桶周圍的地磚，常常會不小心沾到水或尿液等髒污，如果放任不清理的話，恐怕會孳生細菌，基於衛生乾淨的理由，最好能每天用抹布或海棉來沾取小蘇打水來擦拭馬桶周圍的地磚。

*鏡子

馬鈴薯皮是除霧剋星

工具：

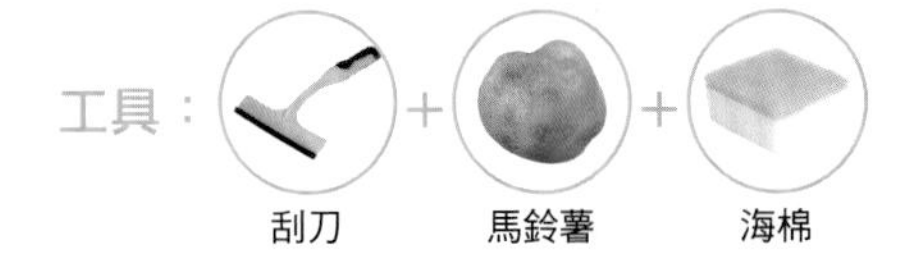

浴室裡經常霧氣瀰漫，使得鏡子模糊一片。有什麼辦法可以解決鏡子的起霧現象？浴室的鏡子起霧，或因水氣而造成霧濛濛的狀況時，先以刮刀刮除水分，再拿馬鈴薯皮往鏡面上擦拭，就能使鏡子不易沾染霧氣。這是因為馬鈴薯皮上所附著的澱粉質，可在鏡子表面形成一層保護膜，隔絕水氣。

如果水滴、牙膏或肥皂泡沫不小心飛濺到鏡子上的話，可以在鏡面上噴灑小蘇打水，以海棉清潔後用清水沖淨，再以刮刀刮除水分即可。

*排水孔

天然起泡劑改善惡臭與黏滑感

工具：

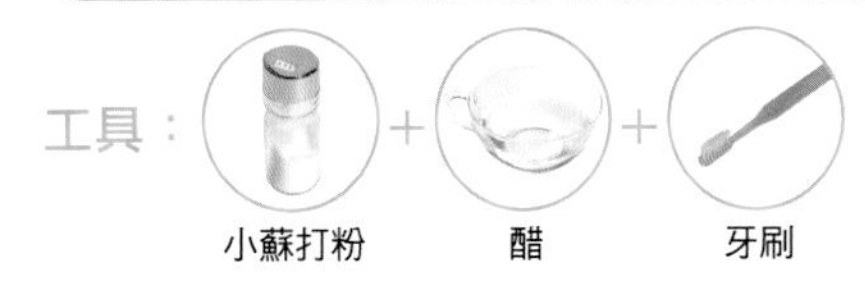

小蘇打粉 + 醋 + 牙刷

浴室排水孔經常會堆積著毛髮、水漬、肥皂等污垢，很容易就發生惡臭與黏膩的污垢，這時使用小蘇打與醋來沖洗，很輕易就解決了。

1. 將排水孔毛髮去除後，先倒上2杯的小蘇打粉；
2. 接著再倒加熱後的醋，讓它們起作用發泡，靜置30分鐘；
3. 接著用牙刷將排水孔周圍沾附的污垢用力刷洗一下，再用水沖淨即可。

1

2

3

*廁所異味

酸鹼中和打擊惡臭

濃烈的芳香劑味道混著廁所的異味，那種氣味有時讓人受不了，因為芳香劑只是掩蓋異味根本不能除臭。這時可以利用無特殊氣味的小蘇打來解決難題，小蘇打是碳酸氫鈉 $NaHCO_3$，可以與酸反應生成 H_2CO_3 或與鹼反應生成 Na_2CO_3，酸鹼中和空氣中的臭味分子，減輕惡臭。

將小蘇打粉倒入空瓶子放在廁所乾燥處，除臭效果大約可以維持3個月。可以依照自己的喜好，在小蘇打粉中滴上喜愛的精油，讓精油的味道飄散在廁所裡。

*小器具

浸泡除水垢

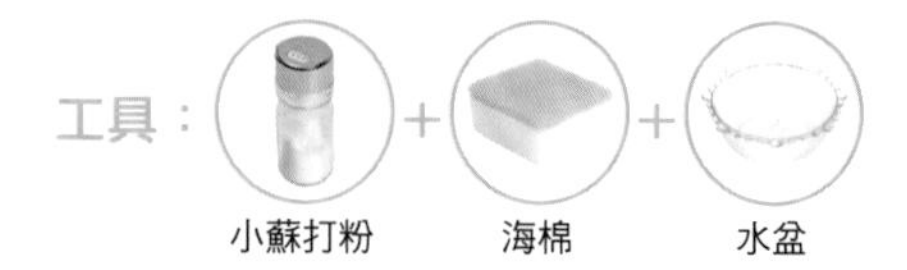

浴室中像小凳子、小置物架、水瓢等物品，只要使用剩下的洗澡水加入小蘇打粉放置一會，就能將水漬、污垢都去除。將洗澡剩下的水中加入1/2～1杯份量的小蘇打粉，並且將所有浴室中要清洗的小物浸泡於浴缸中約1小時。用海棉稍微刷洗一下後沖淨即可。

Advice

也可以在小道具上鋪上一層面紙，噴上小蘇打水，靜置一段時間後，污垢就會軟化，變得容易清理。

Column

簡單製作泡澡石

材料

小蘇打100克 、檸檬酸50克 、玉米粉25克、葡萄籽油8.75克（不想要太滋潤可以少加一些）和10滴精油。小蘇打、檸檬酸和玉米粉的比例為2：1：0.5，混合均勻。用粉劑總重量乘以0.05作為植物油的重量。

步驟

開始前最好先將材料過篩混合均勻後，再加入精油約5～10滴、食用色素與水，加入的水量依需要的顏色調整，然後將全部的材料加入噴瓶中。

接著慢慢加入植物油（橄欖油或葡萄籽油），一邊到入一邊拌均之後，再將材料一邊噴一邊拌均等到所有泡澡粉能夠沾黏起來不會散掉後，填入模具中，用力壓緊。

只要壓得夠緊就可以馬上拿出來使用，如果等個5天左右，再用保鮮膜包這樣的泡澡錠更不容易散掉。

使用方法

1. 粉類全部混合之後再將植物油加入，基底油和粉充分混合均勻，填入模具中，用力壓緊。
2. 約3個小時後脫模，脫模的泡澡錠要用保鮮膜包起來。

SAMPO

KITCHEN

廚房

Cleaning Idea

日常生活中最頻繁使用的廚房，
清潔重點是去除油垢，
除了定期去污，
平時的維護工作也很重要。
流理台、抽油煙機、
瓦斯爐等地方不易清理的地方，
最容易藏污納垢與孳生細菌，
必須仔細留意。

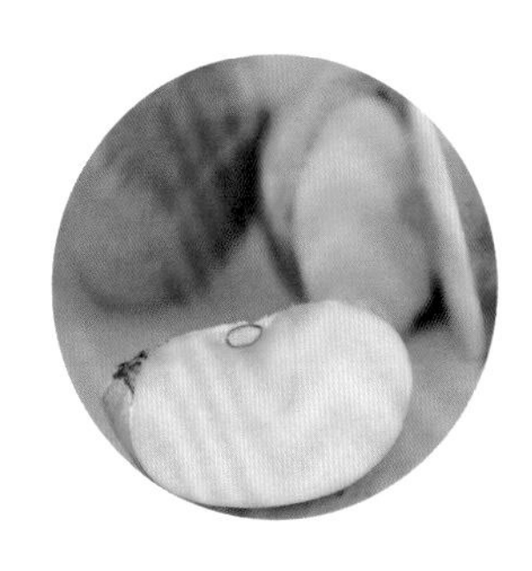

*瓦斯爐

麵粉、啤酒分解油脂

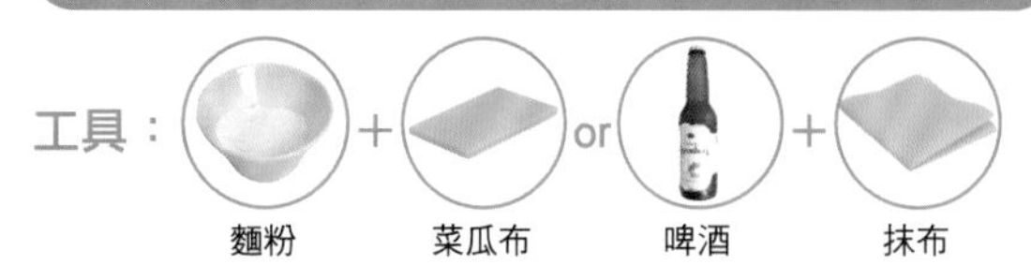

輕鬆清理瓦斯爐最重要的祕訣，就是要趁著剛使用完尚有餘溫時做初步的處理，一有污垢時就馬上清理，即使不用清潔劑也能保持乾淨。

剛形成一段時間，尚未凝固成乾塊狀的油污，只要利用麵粉覆蓋吸附油脂，再用菜瓜布輕輕刷拭就可以清除，低筋、中筋、 高筋的麵粉皆有相同的效果。

喝不完的啤酒可別倒掉，因為酒精具有分解油污的效果，可用來清潔油漬。以啤酒沾濕抹布使用，若是較頑強的污垢，就覆蓋直到油污軟化再擦拭。

*瓦斯爐盛盤

熱水讓油垢bye bye

工具：

水

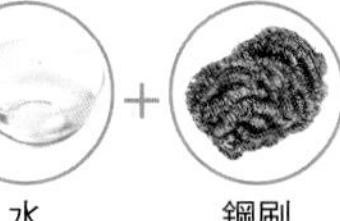
鋼刷

瓦斯爐油膩膩的污垢是最讓人苦惱的問題，還有煮飯留下的鍋底黑垢、炒菜不小心燒焦的污垢等，使盡力氣也刷不乾淨，真傷腦筋。尤其瓦斯爐架子下面的盛盤，不常清的話就會堆積油垢，時間一久會很難洗。利用熱水軟化油脂的特性，能節省許多力氣。

1. 準備一杯水，倒進盛盤裡；
2. 然後打開瓦斯爐的火，加熱盛盤中的水，當看到油垢浮出來後即可關火；
3. 待盛盤金屬降溫但水還溫熱時，用鋼刷刷洗，不必用太多的力氣，就可以恢復乾淨的樣子。

*瓦斯口

自製細縫清潔棒

工具：

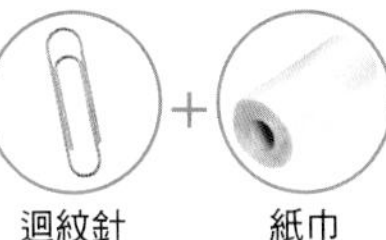
迴紋針　紙巾

很多人清理瓦斯爐時常忽略了瓦斯出口的細縫，如果污垢塞住了出口，會比暢通的狀況更耗費瓦斯，不但浪費也不環保。雖然金額不大，也是會積塔成沙。使用小道具將卡住出口的污垢輕輕挑出來，小心不要往內戳，反而讓阻塞更嚴重了。

1. 利用廚房用紙巾包著迴紋針，就能不費力地清理到細縫的污垢。
2. 如此一來就能擦到瓦斯爐細縫內的油污，擦拭完就直接丟棄，非常方便。

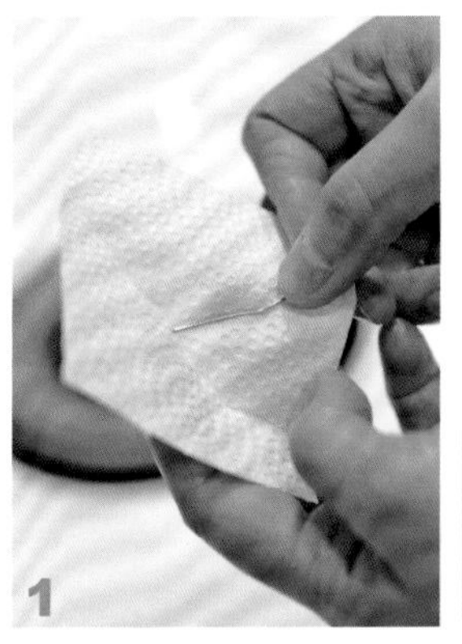

*瓦斯爐台面

保護膜隔絕髒污

工具：

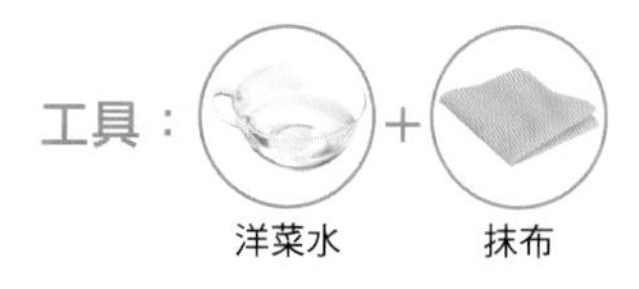

洋菜水　　抹布

瓦斯爐的台面總是油膩膩的，清起來很費力，有沒有什麼好方法可以減輕清理的負擔呢？只要一個小步驟，就可以讓下一次的清潔更簡單。

將製作果凍用的洋菜加水煮成濃稠一點的液狀，再以抹布沾取擦拭在清洗過後的瓦斯爐面，形成一道保護膜。未來油垢沾在台面上，只要用清水清掉這層保護膜即可。

*抽油煙機

溫熱肥皂水清潔效果好

工具：

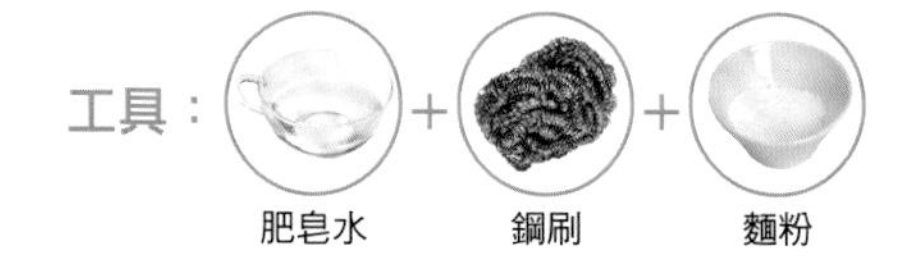

肥皂水　　鋼刷　　麵粉

油膩膩的抽油煙機，在每次使用前最好事先預放一張紙巾在滴油盒中，可免去清洗厚重油污的困擾。

抽油煙機則是要用熱水溶解肥皂後，用鋼刷沾取擦洗，效果顯著。熱水溶解肥皂絲後，以鋼絲刷沾滿溶液，再沾一些麵粉來擦洗抽油煙機，效果比一般合成清潔劑還要好。

*風扇

肥皂當雨衣具隔絕效果

工具：
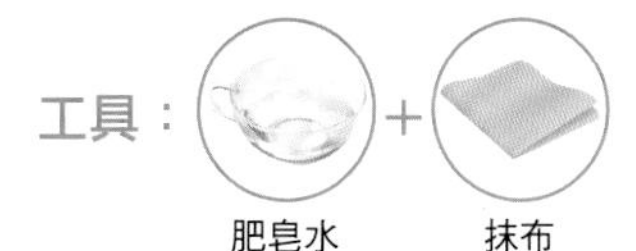
肥皂水　抹布

廚房的風扇容易就會沾到髒污，但是有肥皂形成的保護膜，油就不會沾黏上去，事後比較容易清洗，用臘代替也可以。

再清洗完抽油煙機的風扇之後，順勢用肥皂泡成的肥皂水，直接用抹布塗抹在抽油煙機的風扇上面，直接就可以形成一道簡便的保護膜了，就像下雨天要穿雨衣隔絕雨水一樣的道理，如此一來，下次油污就不會附著在風扇上面，只要將肥皂水的保護膜清洗就可以恢復原來乾淨的模樣了。

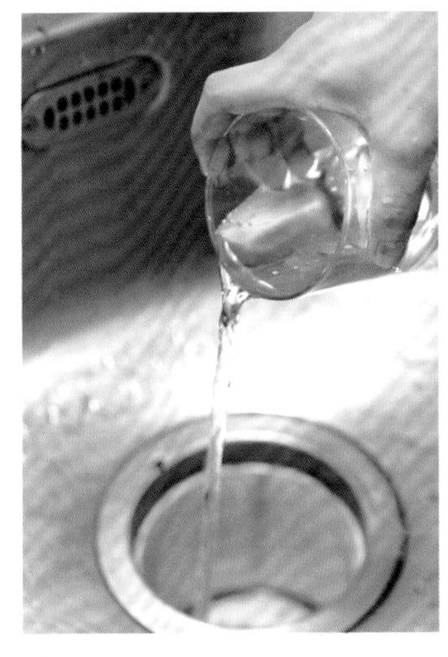

*排水管污垢

酸鹼中和一乾二淨

工具：
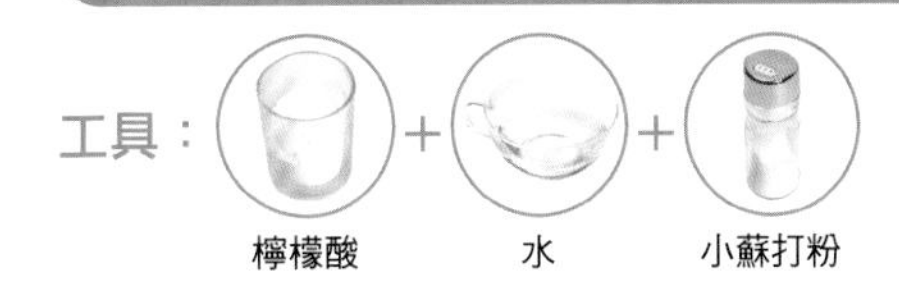
檸檬酸　水　小蘇打粉

廚房的臭味極有可能是來自水槽及排水管，水槽的排水管常留下許多污垢，可用檸檬酸加水倒入排水管後，加入一大匙小蘇打粉，蓋上排水管的蓋子，酸鹼中和後會出現泡沫，可清潔管內髒污，同樣原理還可用來清潔熱水瓶內部。

排水口金屬上的水垢主要成分是水中所含的鈣質，很難用清潔劑去除，可是醋和檸檬有溶化鈣質的作用，用海棉擦拭擦一擦，就能夠輕易消除，以檸檬片沾鹽擦拭也有相同的效果。

*流理台

蔬果渣擦擦就乾淨

工具：蔬果渣 + 檸檬酸 + 抹布 or 菜瓜布

家裡的流理台用久了，廚房的油煙加上清洗碗盤所殘留污垢，就會累積一層髒污。要擦亮不鏽鋼流理台有個省錢又省力的妙方，將原本打算丟棄的蔬果渣，拿來擦拭不鏽鋼流理台，可以讓原本黏滑、失去光澤的台面，變得煥然一新。

只要養成習慣，在丟棄之前先用來除垢，且記得擦完之後，再用清水擦拭一次，流理台就能常保乾淨。

遇到難清的髒污，可以在流理台上噴灑少許的水、灑上粉狀的檸檬酸，然後用抹布或是菜瓜布加以擦洗，三兩下的功夫就可以讓髒污清潔溜溜。

*烤箱

清除燒焦物質不致癌

工具：

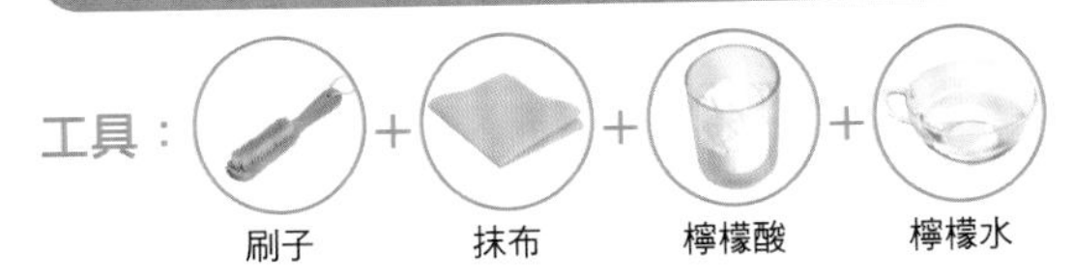

使用烤箱難免有滴落的油脂或碎屑，若不馬上清理乾淨，這些留在烤箱內的燒焦部分，會釋放出有毒的物質，一旦污染食物，長期下來會對身體造成危害。因此最好養成每次烤完東西就清理的習慣，尤其是烤箱底部及烤架濺到髒污的地方。

1. 開始清理前要拔掉插頭，清理後待機體全乾再插上，將烤盤、網子、底盤都卸下來；
2. 然後在流動的水下，以檸檬酸粉刷洗；
3. 用刷子將內部的細屑刷出來，烤箱內部的加熱管以乾布輕輕擦拭，不要直接用水沖洗，外殼及玻璃部分以濕布擦；
4. 清理完如果覺得有異味，可放檸檬水烤3到5分鐘。

*烤盤

地瓜粉除焦有一套

工具：

地瓜粉
or
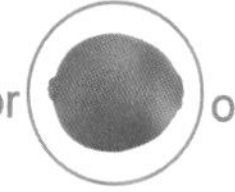
檸檬
or

蘋果

烤盤或燒焦的鍋子，燒焦的髒污很難處理，將200C.C.的水加入4大匙的地瓜粉，倒入要清潔的溫熱器具，放冷之後就能連同焦垢一同清理下來了。

不小心燒焦的鍋子，加入蘇打粉水或是檸檬水，滾開後污垢也會隨同煮熟浮出。加水覆蓋污垢處並加入2小匙的蘇打粉，用小火煮開後污垢就會自動浮出，家中沒有小蘇打，也可以擠過的檸檬代替。但如果是鋁鍋，就要以蘋果代替檸檬。

*微波爐

利用加熱後的蒸氣清潔

工具：
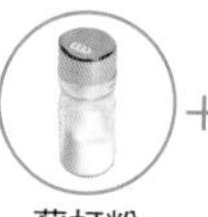
蘇打粉
+

醋
+
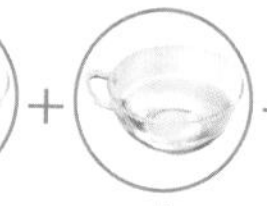
水
+
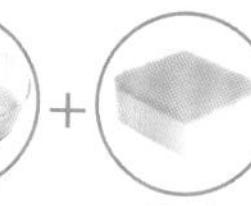
海棉

微波爐四壁的食物殘渣如果沒有立刻擦拭，乾了就很不容易清洗，千萬別用化學清潔劑，以免沒擦拭乾淨，下次使用時沾到食物上；也不要用刀去刮，會刮壞爐子表面。

使用小碗內裝一大匙蘇打粉加二分之一杯醋及二分之一杯水，高溫加熱6分鐘後再用海棉輕輕擦拭機體內壁就ok。

*冰箱

定期清理常保鮮

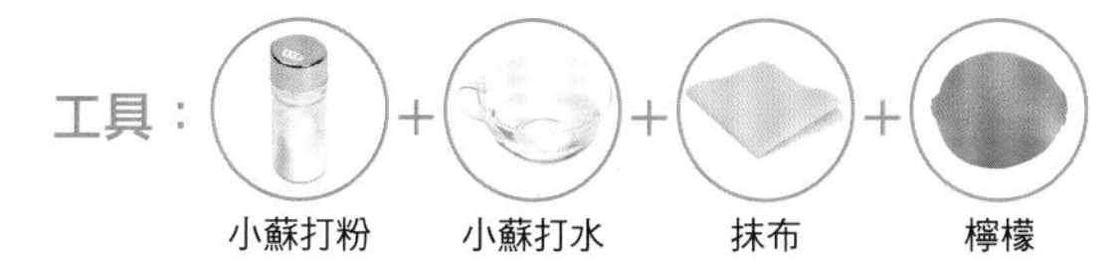

冰箱具有延長食物保存的功能，關係著食物的安全，養成定期清潔與正確的收納習慣，才能確保健康。平常冰存食物時，難免會有汁液或血水弄髒冰箱，特別是生鮮食物的污漬，千萬不可置之不理，長時間累積下來，污漬中的細菌會造成食物腐敗和污染。

冰箱內的隔板若被食物弄髒了，清理的方法很簡單，只要將乾淨的抹布沾點熱水，將弄髒的地方擦拭乾淨就好了。無法拆卸的部分，不要使用任何清潔劑擦拭。可拆卸的面板，可以小蘇打水擦拭過後，再以清水確實沖洗乾淨後，才裝回去。

放置食物之前，先用密閉容器或是保鮮膜包好，可以減少水分流失及減少異味。可將小蘇打粉或切開的檸檬放在角落，預防臭味。

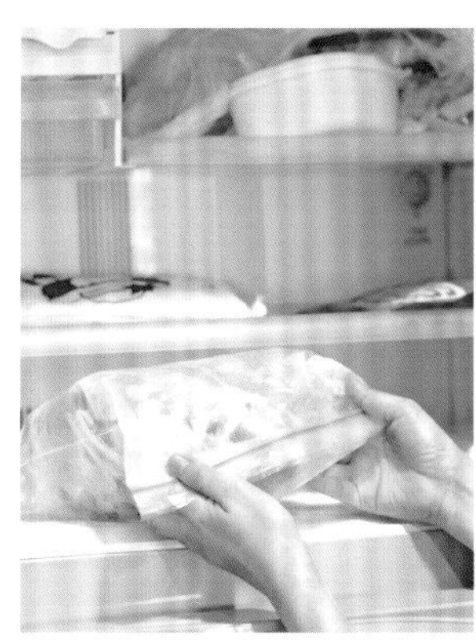

*冰箱門膠細縫

可維持冷卻效果

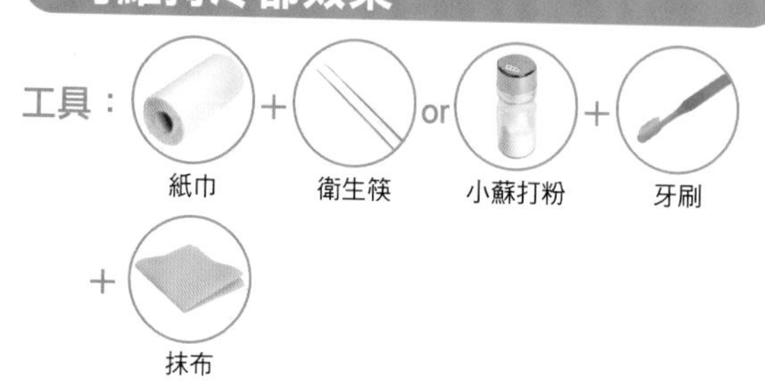

冰箱門四周的門膠骯髒時，會降低冷卻的功能，此時就要清潔一下污垢了。但冰箱門四周的凹溝細部是很難清除的，這個時候就用紙巾包著衛生筷來清除，輕輕鬆鬆即可乾乾淨淨。或是利用牙刷沾上小蘇打粉刷淨，再以抹布擦拭，不會有化學清潔劑殘留之虞。

*果汁機

蛋殼清死角

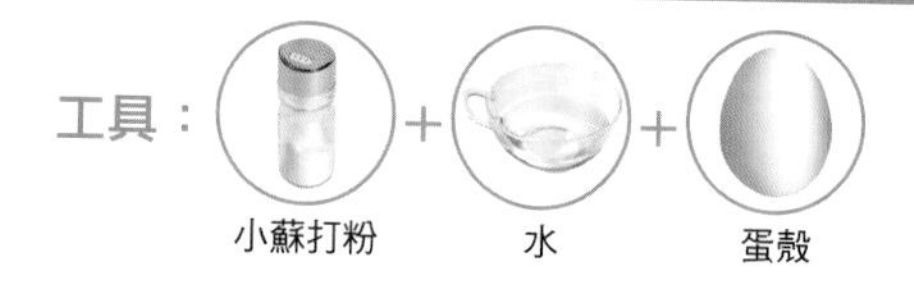

果汁機內有複雜的刀片，不容易到死角。首先用溫水稀釋的小蘇打粉倒入果汁機內，然後按下開關，讓清潔劑充分在果汁機內清潔，然後再用清水重複同樣的動作，直到把清潔劑沖乾淨為止。如果覺得還有污垢沒有刷乾淨，可以再加入蛋殼一同攪打。打碎後的蛋殼具有磨擦清洗的作用，許多不容易刷到的地方，都可以清理到。

*鐵鍋

通通交給蘋果皮

工具：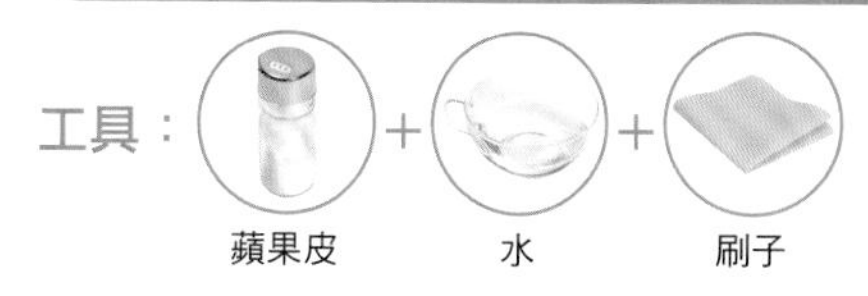

蘋果皮真的是清洗鍋子的得力小幫手，尤其是對付頑固的燒焦黏垢，例如滷肉鍋的焦垢、咖哩鍋側內焦黑鍋巴等，只要是很難對付的頑垢，統統可以交給蘋果皮來處理。因為，蘋果皮所含有果酸，可以把焦垢軟化、分解。

蘋果皮最好採一刀到底螺旋式削皮法，盡量不要讓果皮斷裂。將蘋果皮丟進有鍋焦黏垢的鍋子裡，放入清水蓋住鍋焦處，開大火使鍋子裡的水約沸騰5～10分鐘。再來，掀開鍋蓋，鍋焦黏垢就通通不見了。接下來，只需倒掉水，就可把鍋子刷得乾淨、發亮。

*琺瑯鍋

使用海棉來幫忙

工具：

因為琺瑯鍋很容易被刮傷，所以切記清洗時不能夠使用不鏽鋼刷，一定要使用海棉輕輕地刷洗。但是如果琺瑯鍋上留下了焦黑物，可以在鍋中注入清水並且煮沸，並且一邊使用海棉輕輕刮除鍋子上的焦黑物。

*容器溝槽

迴紋針、牙刷去污除垢

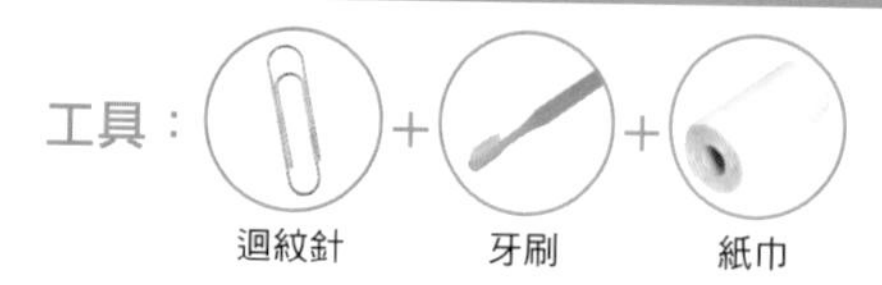

便當盒及密封盒盒蓋的凹槽，油污沒有清洗乾淨是很容易滋生細菌的，這種每天都在使用的食器，清潔時可不能掉以輕心！

先以迴紋針包著紙巾沿盒溝，初步清潔一次，最後再用牙刷把小細屑徹底地清除。

*保鮮盒

除臭任務交給鹽水

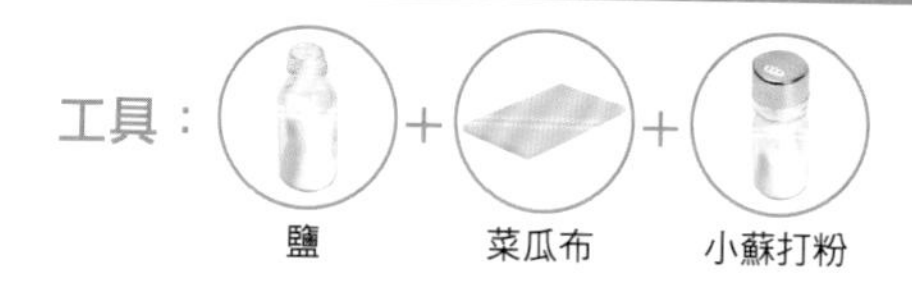

因為盛裝不同的食物，所以特別容易殘留不好的味道。要怎麼預防臭味產生呢？其實方法很簡單，只要在清潔接近完成時，在盒中灑入一點食鹽，再加一點水，然後蓋上盒蓋輕輕搖一搖，鹽的除臭力就會發揮效用，最後再用菜瓜布直接刷洗就可以了。如果同時還有黏黏油油的髒污，就直接在整個灑上小蘇打粉研磨刷洗，一樣能達到去污除臭的效果。

*茶具

清除頑固茶垢

工具：

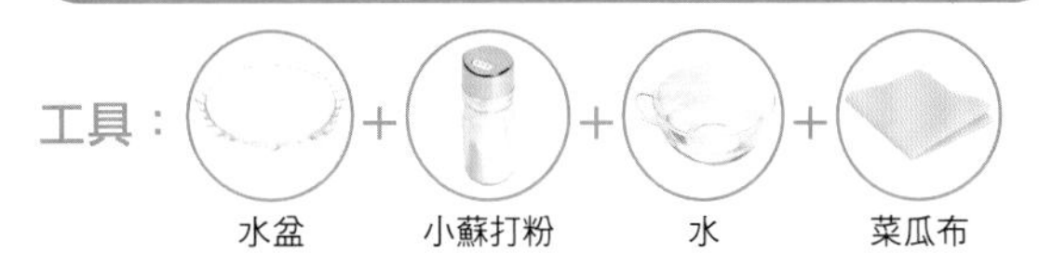

愛喝茶的人會發現，杯子上常不知不覺產生茶垢，研究顯示，飲用水中含有一些無機礦物質和鈣、錳等有害的重金屬物質。當水加熱時，這些物質會溶解析出，用來沖泡茶葉後會氧化產生褐色的茶垢，附著於杯子內壁。

飲茶時如果沒有將茶垢沖洗乾淨，這些有害物質會被喝入身體，與食物質中的蛋白質、脂肪和維生素等營養化合並沈澱，有可能引起神經、消化、泌尿造血系統病變和功能失調，尤其是砷、鎘可能致癌。所以有飲茶習慣者，最好經常及時清洗茶具內壁的茶垢，以免危害健康。

將適量的小蘇打粉水盆等容器內，再將熱水水倒入。普通程度大約浸泡10到20分鐘就可以，若是難除的頑垢則浸泡整夜。最後以流動的清水沖洗，細微的地方以菜瓜布刷洗幾下即可。

*玻璃杯

除霧亮晶晶

剛買的玻璃杯或是玻璃盤都是閃閃發亮，使用久了卻黯淡無光，使用起來覺得不如以往光亮，如何才能讓它回復亮麗本色？可以用海棉沾一些醋和鹽巴刷洗，再以溫水沖淨。鹽巴可以小蘇打粉或苦茶粉替代使用。

*保溫瓶

蘇打＋糖去除臭味

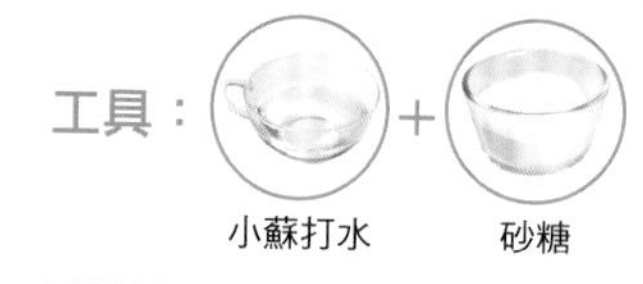

樂活精神當道，很多人都有隨身攜帶水壺或是保溫瓶的好習慣，但是常裝入不同的飲料，可能就有不好的味道產生。

要去除保溫瓶裡面的氣味，可將小蘇打水倒入，蓋上蓋子後用力搖晃數次，然後靜置半小時，再沖洗乾淨。保溫瓶暫時不用的話，可在瓶中放或少許砂糖，保持氣味清新。

*菜刀

擦薑防生鏽

工具：

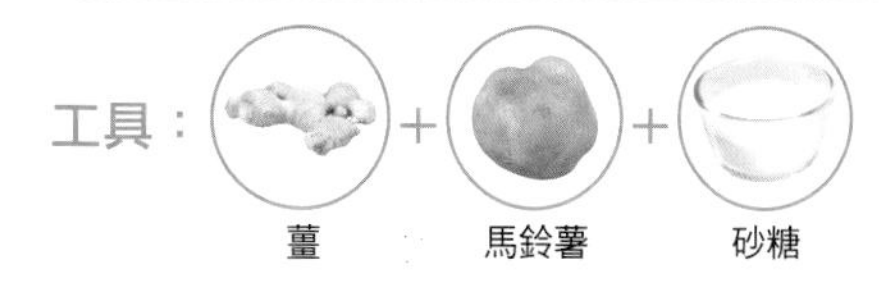

菜刀因為常常碰觸到水，一下切酸性的東西、一下切鹼性的東西，容易產生鏽化現象，最好每次使用後要記得擦乾，等到完全乾燥再收起來。

要防止菜刀生鏽，平常可在使用完菜刀時用火烤一下、用薑片塗抹刀片、或是放在洗米水中浸泡皆可。如果菜刀真的生鏽了，可以用一小片馬鈴薯沾些細砂糖擦拭，就可把鐵鏽擦掉。用這個方法，亦可去除其他金屬用品上的鐵鏽。

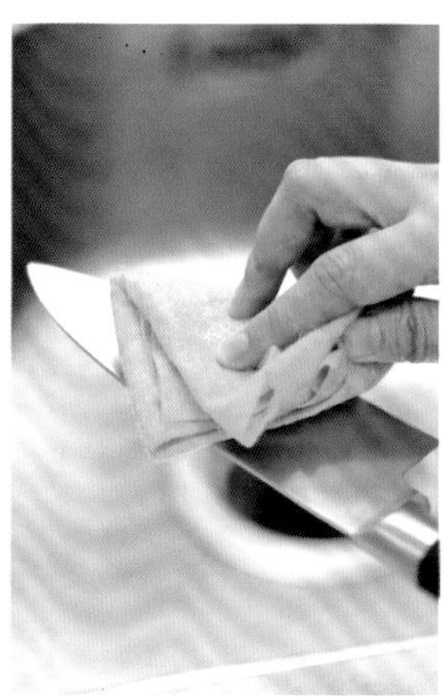

*砧板

敷上檸檬酸衛生除臭兼具

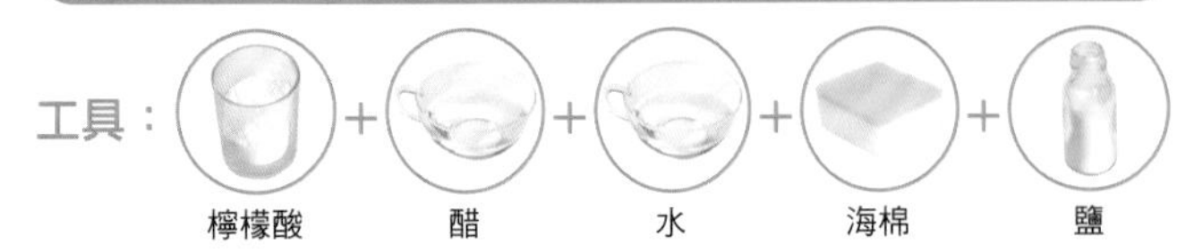

很多人在使用完砧板後只用清水沖洗，有時切過比較油膩的東西時會用沙拉脫或清潔劑清洗，當日子一久，砧板經常看起來黑黑的。最糟糕的是用鋼刷刷洗砧板，因為使用鋼刷會刷出更多細溝，這些細溝就是滋生細菌的溫床。

1. 最好的方法是用檸檬酸調水製成膏狀；
2. 塗砧板表面靜置一會；
3. 再以海棉摩擦洗淨，最後以清水沖淨。

每周一次用醋除異味，對砧板上的臭味與污垢特別有效，將2大匙的醋與200C.C.的溫水混合，將砧板泡在醋水中15分鐘，污垢與腥臭味就會浮出。

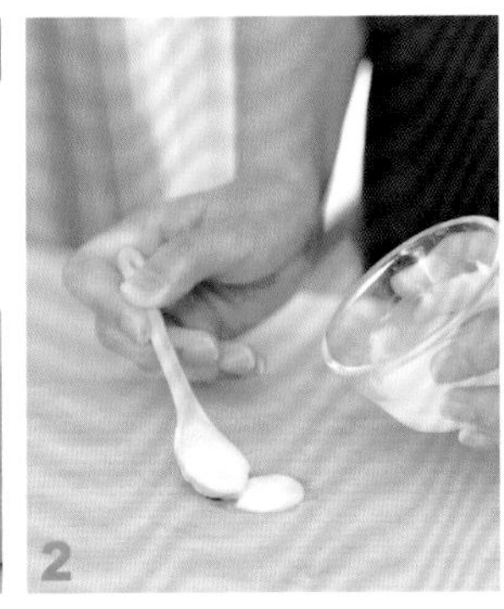

Column

多墊張紙，少出點力

懶惰的天性人人有，在打掃時可以用一些更聰明的方法，在還沒有髒掉之前就降低髒污的程度，絕招就是「墊上一層紙」。

瓦斯爐下面容易堆積髒污，在還沒有髒之前，或是清潔乾淨之後，預備好一張大小合適的紙張墊著，以後只需要更換一張乾淨清潔的紙張就好，是懶人必學招式。還有像似牙刷架容易積水弄髒，餐具架下面等等，都同樣可以複製這招。

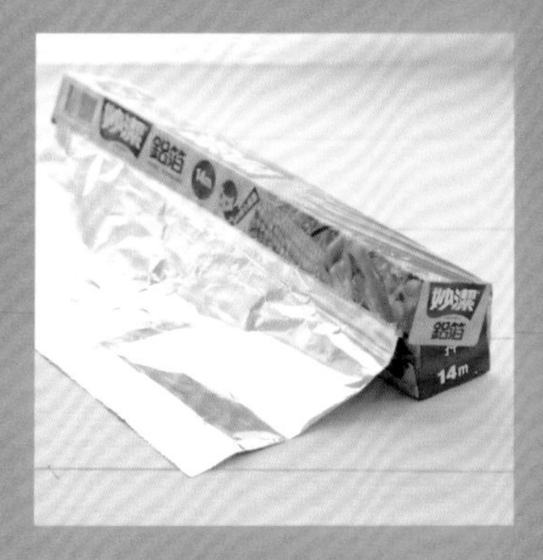

Column

小蘇打中和油脂

清掃廚房的時候，沾滿油漬灰塵的瓦斯爐，令人頭痛。廚房產生的油污多屬於酸性，以鹼性的小蘇打中和，可以使油污容易去除。

難清的頑垢可以先在器具四周噴灑少許的水，然後以菜瓜布沾取適量的小蘇打粉擦洗；輕微的油污則用小蘇打水噴灑在抹布上擦拭。

Column

鹽巴的有趣妙用

去除水果蠟膜

將進口的檸檬或是葡萄柚等水果的表面塗上鹽巴，用兩手的手掌包覆著水果，並且一邊搓揉，就能夠去除掉水果上的蠟，且會發現香氣自然飄散、色澤變得更鮮豔。

去除皮膚搔癢或味道殘留

處理芋頭的皮之後手部肌膚會產生搔癢感，只要趕快用鹽巴洗手，就能緩解這個症狀。另外，像是處理蝦子、魚類等海鮮食材，手指間多少會殘留腥味，這時也可以把鹽巴塗在手上，再用水沖乾淨，味道也會跟著消失。

Column

解決廚房惱人的異味

廚房中因為會做料理，產生一些不好聞的味道，所以常會有蟲子入侵，基於衛生健康的理由，特別針對這些惱人的問題提出了健康又天然小秘方，讓主婦們每天變化出各式美味料理的重要基地，變成煥然一新的乾淨場所吧！

咖啡渣可當作除臭劑使用

將用過的咖啡渣放在烤箱中烤至乾燥之後，分裝到小容器中，就能拿來當作除臭劑使用。可以把這些乾燥後的咖啡渣，置放在冰箱裡或室內任一處，甚至可以放在煙灰缸裡，這樣討人厭的煙味也會消除。

也可當作廚房洗手乳

煮完咖啡後咖啡渣可以幹嘛呢？用來洗手，咖啡渣混合洗手乳洗手的原理，其實是藉由這個咖啡渣裡頭含有活性碳的原理，可以吸附很多微小的污垢，再利用洗手乳的清潔力，去污效果自然比一般洗手乳更好。

Column

趕走廚房討厭的害蟲

驅除螞蟻妙方——檸檬

一整顆的新鮮檸檬，對半切成兩半，在看得到螞蟻的地方及其動線，擠出檸檬汁，並且拿著切半有果肉的那一面，沿途塗抹上去，馬上就能體驗檸檬的驚奇神力。

驅蚊蟑螂妙方——香皂

恐怖的小強，最會神出鬼沒，隱身在各個可疑的角落，面對這樣高強的對手，君子動口不動手，只要用香香的肥皂做成肥皂水，放在容器內，擺放在小強可能出現的地方或動線。幾天後這些地方，絕對再也看不到蟑螂恐怖的蹤跡，只要持續補充肥皂水於容器當中，就可維持效力。

驅除米蟲妙方——辣椒

米缸中常會有米蟲，很多主婦都相當困擾。由於辣椒中含有防腐、殺菌作用，所以能用來擊退米蟲滋生的問題。準備3根辣椒，分別切成3段，放在米缸中即可。另外，時時打開米缸，讓米粒換換氣也是相當重要的動作。

DETAIL

清潔大小事

Cleaning Knowhow

為了保持乾淨、
舒適且安全無毒的居家環境，
常會遇到許多棘手的清潔問題，
針對各種可能發生的疑問，
本單元詳細而貼心地解答，
只要掌握一些小方法，
就能創造一個優質的生活空間。

清潔Q&A

近年來自然、無毒的訴求大行其道，
無論在美國、歐洲及日本都已掀起一陣風潮。
這些清潔用品該如何使用？或是有些什麼該注意的地方呢？
以上列出常見問題，一一解答。

Q1 在書上看到很多小訣竅，教主婦們用小蘇打配合醋達到清潔效果，請問是否可用檸檬酸來代替醋？要如何使用才正確？

A 可以的，小蘇打加醋，主要的效果就是會起泡，利用這些細小的泡泡可以探入小洞孔或細縫，徹底清潔。檸檬酸也有同樣的效果，但相較於醋，檸檬酸不是那麼普遍，用醋比較實際。

用法：小蘇打加檸檬酸，再加點水就會起泡。或者可以把檸檬酸加水，做成類似醋水（一杯水加一小匙檸檬酸）。

Q2 承上題，二者在使用上如何搭配才最正確又有效果？

A 其實用法上，是利用兩個同時用會有起泡效果，來清潔像是濾網等有細小部分的東西。

另外，用小蘇打粉清潔後，若怕殘留白白的粉末，也可用醋水（或檸檬酸水）再擦拭一次，以達到清潔效果。

Q3 是否有什麼物質不可與小蘇打搭配，會產生不好反應，清掃時要盡量避免的？

A：小蘇打主要不能用在以下三類：

- **漆器**—會產生水漬
- **鋁製品**—會變黑
- **榻榻米**—會變黃

Q4 在清除地毯污漬時，能否大概說明清理的方法？

A 若是半固體的污漬（像是巧克力、飯），當然先用衛生紙捏起來，減少殘留。

至於在清潔上，基本來說，可用小蘇打粉其粉質的特性，來吸附這些污垢本身的水分或液體。減少滲入纖維的液體量。用法就是將小蘇打粉撒在污處，靜置約半小時，再用吸塵器吸乾淨。

通常這樣處理後，多少還是會有污漬殘留，可以視情況，再以其他方式補強。

Q5 潮濕的浴室可說是黴菌孳生的溫床，請問有沒有辦法為小蘇打溶液加強抗菌力？或是有另有殺菌的好方法？

A 我個人覺得用小蘇打除黴，效果不佳，若真要殺菌或防黴，建議：

· 用酒精擦拭磁磚縫

· 用蠟燭擦磁磚縫，可防止黴菌滋生

Q6 每次清完廁所，才過一陣子又有水漬生成，是否有讓水漬較慢生成的妙方呢？

A 其實方法很簡單：只要清洗完廁所後，盡量把有水殘留的部分擦乾。

若沒有窗戶或抽風機，也可以利用電風扇讓保持室內乾燥，如此一來，就不容易產生水漬了。

Q1～Q6解答達人　陳映如

曾任雜誌主辦「家事清潔及收納」講座主講人，並於民視《消費高手》節目介紹清潔、收納技巧。目前為自由作家，長期擔任《收納play》、《DIY玩佈置》、《yappy!》等多家雜誌特約撰稿，對於居家生活常識及清潔技巧，有深入研究及獨到的觀點。

Q7 為什麼使用檸檬酸取代小蘇打清潔，卻有種黏膩的感覺？

A 使用的濃度過高就會產生黏膩感喔。若是不喜歡醋的味道，是可以用檸檬酸來代替，但是檸檬酸的濃度如果過高，就會讓人覺得有黏黏的感覺，這時可以用稀釋的方法解決。

Q8 小蘇打可以直接碰觸到肌膚嗎？

A 因為小蘇打為低刺激性，就算是直接碰觸到雙手也沒有關係。不用特別擔心皮膚因此而變得粗糙或是乾燥。

Q9 可以重複使用市售的清潔劑容器嗎？

A 如果是食品類或是礦泉水、飲料等等的空瓶子是可以收集起來再度自製清潔劑的時候使用，不過如果是一般的市售的用還裝過合成清潔劑的空瓶子，因為光用水清洗，也無法百分之百的將所有成分清潔乾淨，因此不建議使用。

Q10 使用小蘇打，是否會造成河川的污染問題呢？

A 小蘇打溶解於水中，不管濃度再高，都不會超過一定的標準ph值，因此將小蘇打溶於水中，之後再流向河川、湖泊等大環境，不會造成太大的傷害。

Q11 想改用天然的清潔劑，原來的合成清潔劑該如何收拾？

A 一般建議是用報紙或是抹布等廢棄的紙張或是布類，將不要的合成清潔劑吸乾，再將報紙、抹布等當成可燃性垃圾丟棄。

也有人直接倒入馬桶裡面沖走，不過市售的合成清潔劑毒性較強，最根本的方法還是不要購買或使用，就不會有迫害大自然環境的衍生問題了。

Q12 有些產品聲稱以生物酵素取代活性介面劑，那麼生物酵素是什麼？

A 生物酵素是由與人類共存多年的無毒菌類，如酵母菌等所產生的分泌物，藉此生物觸媒，來驅除劣菌，分解污染物。在生物體內如口水、胃液、荷爾蒙、維生素都是一種酵素。

生物酵素是以大自然專門分解油質的微生物發酵萃取而來，藉著生物催化作用，可以將黏膩油脂、污染物切成較小分子，然後將這些小分子以水帶走，所以極易清洗。

生物酵素已經完全可以代替活性介面劑的功用，容易沖洗不會殘留，即使殘留也不傷害身體，是較快速、安全及環保的清潔方式。

不可不知的清潔知識

維持周遭空間的清潔，
必須使用各種洗衣粉、洗碗精、去污劑等各式清潔用品，
卻不知這些化學物質對人體的呼吸道、飲食或皮膚等造成了什麼影響？
做家事也要不傷身，千萬別為了乾淨賠上健康。

環保標章清潔用品限制

市售清潔劑中常含有害物質，不僅對身體有害且影響環境，因此環保署對於環保標章清潔用品則限制了這些有害物質的使用，檢查家中清潔用品是否含有害物質，可參考下列幾項成分，選擇對家人健康有保障的產品，才是聰明的消費者。

1.界面活性劑生物分解度

清潔劑溶液被微生物分解消化之百分比，分解度越高表示清潔劑越容易被生物分解，殘留於水體中之清潔劑就越少。

環保標章規格標準要求清潔用品的生物分解度達 90%以上，洗碗精的生物分解度更高達95%以上，且須含50%以上的天然原料，天然原料是指由動、植物提煉之原料，如脂肪酸鈉、脂肪酸鉀所製成的界面活性劑，所以標示生物分解度就代表界面活性劑的安全性。

2.磷酸

在清潔劑中最常被添加作為硬水軟化劑者為三聚磷酸鈉STPP（Sodium Tripoly Phosphate），其中所含的磷排出後，造成湖泊、河川的優養化（Eutrophication），使水中藻類與浮游生物大量繁殖、造成惡臭及懸浮固體增加，缺氧等水質惡化現象。生活廢水處理不普及的國家，環保標誌規格標準皆趨向禁用或限用。

3.螢光劑

為清潔劑中添加劑的一種，其實是一種染料，可以吸收日光中的紫外線，造成衣服較潔白的假象，但事實上並無洗淨功能。

由於有致癌及造成皮膚病變的爭議，因此國際環境標誌推動國在清潔劑的規格標準中都明訂禁用或限用螢光劑。

4.NTA

Nitrilo Triacetic Acid也就是基三乙酸，添加於清潔劑中以取代三聚磷酸鈉STPP（Sodium Tripoly Phosphate）的增強劑，可與水中Ca、Mg等結合沈澱而具軟水功效。但NTA屬微致癌物，其螯合性，會導致河川、湖泊中泥土所含的重金屬再溶出，而提高重金屬濃度，德國、新加坡、瑞典等國家之環保標誌都禁用。

5.EDTA

Ethylene Diamine Tetraacetic Acid 二胺四乙酸，是清潔劑中的增強劑，其功能及對水質影響與NTA類似，環保標誌推動國家，大都將EDTA列為清潔劑中禁用的添加劑。

6.APEO

Alkyphenol Ethoxylate乙氧烷基酚，具毒性且不易分解，德國、新加坡、紐西蘭、加拿大均禁用。

7.Perborate

過硼酸鹽，一般用來作為漂白劑或防腐劑，在水溶液中會產生過氧化氫。因具毒性，德國、新加坡、瑞典等國之環境標誌均禁用或限用。

8.Chlorine Bleach：

含氯漂白劑，具毒性，氯與水或水蒸氣作用後會變成具有腐蝕性的氯化氫蒸氣，氯與許多常見化學品接觸後會爆炸或形成爆炸物，各國環境標誌清潔劑均禁用。

9.Formalin

即是俗稱的福馬林或甲醛水，是一種透明而有強烈刺激性臭味的溶液 ，可作為防腐劑及消毒劑，各國環境標誌均禁用。

10.Formaldehyde：

甲醛HCHO，無色、有刺激性的有毒氣體，易溶於水中，有消毒及防腐作用。

11.Opacifier

乳白劑，歐美各國常用的添加劑，可使透明液體不透明化並增加稠度，與洗淨力無關，且不易分解，所以禁用。

清潔劑演進史

天然清潔劑的取材與使用

西元前二千五百年，人類就以草木灰和動植物的脂肪一同加熱煮成肥皂的原形，也就是最早的清潔劑。因為油污和水具有相斥的特性，這兩種無法混合的物質將會各自聚集在一起，這種現象為界面張力。要使原本無法融合在一起的東西相互融合，必須藉由界面活性劑的作用，才能讓界面的張力消失。

動物或植物的油脂自然皂化，所產生的肥皂就叫做天然界面活性劑，可以讓界面張力消失。自然界裡面有許多種植物含有這些成分，例如無患子、茶皂樹、肥皂草等等。

合成清潔劑的問世與發展

現在家家戶戶必有的合成清潔劑，是在第一次世界大戰時，因為將肥皂的原料移做其他用途，所發明的肥皂取代物，這項取代物在一九三〇年問世後，因為價格便宜且清潔力更強，所以廣受大眾喜愛，到了一九四〇年之後，就普遍取代原先肥皂的地位了。

那時在美國市面上清潔劑大多數是以烷基苯磺酸鹽（ABS）作為界面活性劑。而在一九四七年的時候，美國賓州市的污水處理場開始發現令人困擾的清潔劑泡沫問題。他們在處理槽的表面發現了漂浮著無法消除的清潔劑泡沫，這些泡沫會隨風到處飄揚。

後來又發現當時無法用生物處理的方法，完全分解清潔劑裡面所含有的活性劑，這些殘留的物質，會隨著廢水排放到河川與海洋，漸漸影響水中生物的生存，並可能產生危害水質及人體的污染問題。這時，人們才發現合成清潔劑雖然便利，卻會帶來嚴重的環境污染。

一九五四年，美國學著開始研究表面活性劑的生物分解性，希望能夠降低清潔劑帶來的污染程度。許多研究者發現界面活性劑分子，在苯環上的碳鏈如有分叉（如ABS），則不易被分解，且分叉程度愈多愈不易被分解；反之，若為直線形的碳鏈（如LAS十二烷基苯硫酸納），則容易被生物處理方法完全分解。於是稱之前的以ABS為界面的界面活性劑為硬性清潔劑，以LAS為界面活性劑的清潔劑為軟性清潔劑。

一九六五年以後，硬性清潔劑在美國市場上絕跡，新的軟性清潔劑擁有良好的清潔力，價格又更便宜，所以遍布運用在家用的清潔用具上面。但因為對人體的皮膚刺激性過大，極少運用在洗髮精、沐浴乳等個人清潔用品中。

但是，後來發現軟性清潔劑的輔助劑磷酸鹽，在污水處理過程中很難被去除，而磷這種物質又會在河川湖泊之中造成藻類的大量繁殖，影響其他生物的生長，所以輔助劑也會造成部分的環境污染。一九六五年後，市面上開始發展出「不含磷酸鹽」或是「低磷酸鹽」的清潔劑，但有美國醫學組織提出報告，認為這種清潔劑可能產生致癌物質，因此也並未真正形成風潮。

還有一種被稱為「壬基苯酚」類界面活性劑（NPEC），在國內中央大學教授報告中指出，其殘留的物質在水環境中不容易再被分解，此類的有機物質在世界各國河川中皆有被檢測到，檢測到的濃度更是足以影響水中生態。

因為其成分與化學結構的動物雌性激素非常相似，目前已經被證實為環境荷爾蒙，這種荷爾蒙會干擾內分泌的調節機制。也是目前清潔劑所為人詬病的原因之一。

環保意識的抬頭與實行

台灣目前每年使用超過四萬噸的界面活性劑清潔劑，生活污水都直接排放到河川裡頭，造成河川嚴重污染，未來可能因為產生的物質需要更多的人工合成化學物質來清除。想要維護下一代的環境及個人健康，最好的環保行動就是從減少使用合成清潔劑、盡量選購擁有環保標章的清潔劑，以及使用天然的清潔物品開始。

環境荷爾蒙造成的影響與危機

近幾年來，科學家發現了有某些化學物質會干擾內分泌系統，稱為「內分泌干擾素」（endocrine disrupter，簡稱ED），或為「干擾內分泌之化學物質」（endocrine disrupting chemicals，簡稱EDC）。

天然荷爾蒙只會在人體需要時才分泌；環境荷爾蒙則在人體不需要的狀況下出現，因此干擾人體生理調節機制。

若經由食物管道進入母親所攝取到的環境荷爾蒙，還會影響到未出生嬰兒的健康。

環境荷爾蒙的危險性

環境荷爾蒙最危險的是會改變了生物體內的生理，干擾了生殖功能。

一些人造的化學物質所造成的環境污染後，透過食物鏈再回到人類身體或其他生物體內，它可以模擬人體內的天然荷爾蒙，而影響身體最基本的生理調節機能，例如：

1. 模仿人體荷爾蒙的作用，如模擬女性動情激素；
2. 改變體內分泌荷爾蒙濃度；
3. 改變體內分泌荷爾蒙活性物的濃度，而讓生育能力改變等等。

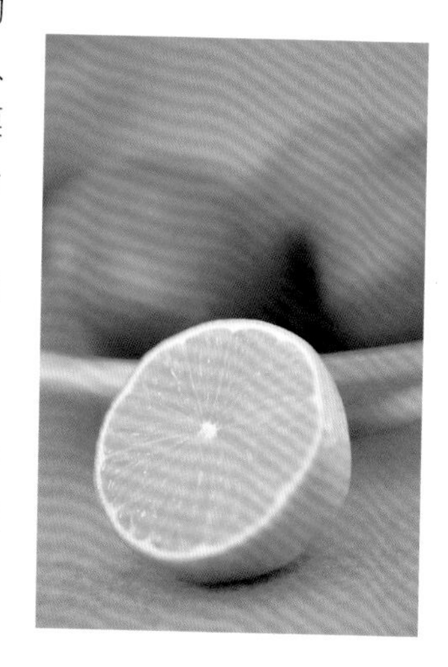

因為環境荷爾蒙的影響，有些人體會產生不良的疾病等，最常出現的有下列列舉的疾病。例如：

1. 自體免疫系統疾病；
2. 對神經與免疫系統有不良影響；
3. 減少男性的精子數量，增加不孕的機會；
4. 嬰兒的先天性異常；
5. 癌症；
6. 子宮內膜異位症；
7. 不孕症。

少用化學性清潔劑避免污染

雖然政府已有因應措施，日本環境廳列為「環境荷爾蒙」之七十種化學物質，環保署已將其中十五種化學物質，公告列管之毒性化學物質，二十五種已列入環保署毒化物篩選列管名單中，其餘物質環保署正檢討中。最直接快速的方法，就是盡量不要使用化學性的清潔劑，避免污染不斷產生。

EM有效微生物群淨化污染

EM是有效微生物群Effective Microorganisms的縮寫，是八十種友善的微生物所組成，包含有厭氧和需氧性的細菌，這都來自製作醬油、泡菜、釀酒、納豆和乳酸菌過程，是日本園藝教授比嘉照夫於一九八二年時意外發現的，如今已在全世界成功地應用於自然農耕、保健、癌症的治療、畜牧、垃圾及下水道的處理，以及河水、池塘、湖水的淨化，中和酸雨對土壤的破壞。

EM有效微生物群能消化人造的化學污染物，並且增加環境中的有益菌數量與活動力，如土壤中農藥殘毒，快速恢復土壤生機，增加生產量和品質。家庭用以製造堆肥不會有臭味，並能加速剩飯剩菜的分解，當每個家庭都將廚房垃圾變成堆肥，不但能減少垃圾問題，並能讓居民自耕自養或種花種樹改善環境。

就算隨時清潔劑流入下水道，也能淨化化糞池，減少河流、海水的污染，真正達到生活淨化的目的。簡單來說就是清潔劑添加EM，EM就會跟著跑到大海裡去，產生復育行為，能夠淨化水源，分解廢水，減少環境的污染。

C O P Y R I G H T

腳丫文化

■K035

無毒の居家大掃除

國家圖書館出版品預行編目資料

無毒の居家大掃除 / Page 著. -- 第一版 --
臺北市 ： 腳丫文化, 民97.12
面 ； 公分
ISBN 978-986-7637-36-9（平裝）
1. 掃除 2. 清潔
420.26 97021994

著 作 人：Page
社 長：吳榮斌
企劃編輯：陳毓葳
美術設計：游萬國
出 版 者：腳丫文化出版事業有限公司

總社・編輯部
地 址：104 台北市建國北路二段66號11樓之一
電 話：（02）2517-6688
傳 真：（02）2515-3368
E-mail：cosmax.pub@msa.hinet.net

業務部
地 址：241 台北縣三重市光復路一段61巷27號11樓A
電 話：（02）2278-3158・2278-2563
：（02）2278-3168
E-mail：cosmax27@ms76.hinet.net
郵撥帳號：19768287腳丫文化出版事業有限公司

國內總經銷：千富圖書有限公司（千淞・建中）
（02）8521-5886
新加坡總代理：Novum Organum Publishing House Pte Ltd. TEL:65-6462-6141
馬來西亞總代理：Novum Organum Publishing House(M) Sdn. Bhd. TEL:603-9179-6333
印 刷 所：通南彩色印刷有限公司
法律顧問：鄭玉燦律師（02）2915-5229
定 價：新台幣 240 元
發 行 日：2008年 12月 第一版 第1刷

文經社在「博客來網路書店」的網址是：
http://www.books.com.tw/publisher/001/cosmax.htm
就可直接進入文經社的網頁。

Printed in Taiwan